# 小樽志民
# 運河保存運動の
# 市　民　力

石井伸和 著

社会評論社

小樽志民　運河保存運動の市民力　＊目次

# はじめに

平成二八年度、小樽市の観光入込数は実に七百九十万人に達した。しかし五十五年前、昭和三五年の観光入込数はわずか七九万七千五百人でしかなかった。没落した港町が北海道を代表する観光地に成長した最大の原動力は、昭和四八年から五九年にかけた十二年間、世論を掻き立てた小樽運河保存運動だった。

本稿は、小樽運河保存の真っ只中にいた一人の若者の立場から、運動の足取りを追い、歴史的にどういうことだったのかをまとめたものである。タイトルの「志民」はこの運動を牽引した諸先輩を指し、あの時代に私益よりも公を思う若者がいたことを記録に残し、新たなまちづくりのエッセンスを残したいと思ったからである。

昭和の末期小樽運河保存運動は、小樽を飛び越えて全国で注目された。

北辺の港町の、役目を終えた運河の存亡を、多くのジャーナリストが全国に発信すべきと判断し、多数の報道に至ったのはなぜだろう。市民の圧倒的多数が運河保存に心を動かしたのはなぜだろう。観光に縁のなかった小樽が急激に全国区の観光地になったのはなぜだろう。

これらの疑問に答える鍵が小樽運河保存運動にある。現在の小樽を理解するとき、また未来の小樽を構想するとき、小樽運河保存運動の検証なくしては行えないと筆者は思っている。今なぜ小樽運河保存運動なのか？　その疑問には、今を理解するために必要であるから、と答えたい。

筆者にとっては運河保存運動は、悔しさを敵にし、希望を味方にして戦ってきた十年（昭和五三〜六二年）であった。敗北に次ぐ敗北を重ねたが、未だに「負けた」とは思っていない。むしろ「勝っている」とさえ思っている。当時、埋立推進派は運河埋立事業によるおよそ百億円の公共事業を成果として誇っていたが、我々保存派が主張した観光による収入は、その後の三十年でおよそ三兆円にもなった。中央に拝み倒して獲得した公共事業の百億円の一時金と、自ら獲得した三兆円とを比較すると一目瞭然だ。

むろん経済効果だけでの「勝ち」を言っているのではない。その帰結は「志民」の存在に行き着く。時代や環境が変わろうとも社会は人がつくることに変わりはない。それゆえ、小樽に存在した「志民」の視点に今一度立ちたいと思う。小樽運河保存運動が終結してから三十年を経た今日ではあるが、実はあれから我々は一歩も進んでいない、と思っている。地域の歴史は世界に向かって開かれ、未来に向かって紡がれている。ゆえに、広い視野に立つ「志民」の心で、今こそ一歩進まなくてはなるまい。本書がその一歩になることを願っている。

石井　伸和

# 第1章　小樽運河の再発見

## 「小樽運河を守る会」の設立

昭和四一年七月、小樽運河の埋立を前提に道道臨港線建設が小樽市の都市計画として決定した。

この当時、小樽市内を縦断する国道五号線の一日当たりの交通量は一万五千台。十七人に一台の割合だった日本の自動車保有は昭和六〇年には五・五人に一台にまで増加し、小樽駅前の交通量は一日五万五千台になると見積もられた。こうなると国道一本では捌ききれず、国道拡幅が考えられたが、国道が横断する商業地域の住民は「歩行者も多く、排気ガスや騒音もあるため、別に道路をつくった方がいい。港方面であれば生活環境に悪影響を与えず、貨物の便も良くなり港も活性化する」として、当時無用の長物視されていた運河を埋めて、バイパスを作ることを求めた。

昭和 30 年代　多少の港湾機能を残す小樽運河

これらの声を受けて小樽市は、該当する市道部分を道道とし、総工費八十億円の三分の二を国費、三分の一を道費でまかなうよう道に働きかけ、運河の他、周辺の倉庫、工場などの建物二百件以上、面積で約六千三百平方メートルが買収予定となった。小樽運河だけなく周辺景観も姿を消す計画だった。

この計画を最初に伝えた『広報おたる』（昭和四一年九月号）には「臨港線の建設に期待する」と題した小樽商工会議所会頭・木村円吉、小樽港湾振興会会長・深野明雄、小樽青年会議所広報委員長・川村治男の各氏の寄稿が掲載されている。運河については「古い施設が、時の流れとともにこわされていくのは、やむを得ない」と前置きしながらも「運河はハシケのたまり場であり、冬のシケどきの避難所で、また沿岸倉庫群の貨物の積みおろしの場所で公益性が高い」と深野明雄氏が触れているのみである。

『広報おたる』を見て「運河を埋め立てると同時

〔上〕大正年代　有幌倉庫群の木道
〔下〕昭和 40 年代　有幌倉庫群

に石造倉庫などの歴史的建造物まで解体するのでは」と危機感を持った市民はほとんどいなかった。

昭和四六年に国道五号とは別ルートで札樽バイパスが開通。続いて都市計画に従って国道五号に連絡するバイパスの延長工事が始まり、昭和四六～四八年にかけてバイパスと運河の間にあった有幌の石造倉庫群が無惨にも取り壊された。ここで初めて小樽市民は都市計画の意味を知る。

有幌倉庫ショックが引き金となり、市民有志二十四人が当時色内にあった海員会館で昭和四八年十二月四日「第一回小樽運河を守る会発起人会」を結成。約二週間後の十二月十八日には「第二回小樽運河を守る会発起人会」が八十名を海員会館隣にあった労働会館に集め開催された。

役員は発起人会会長・越崎宗一（郷土史）、事業部部長・米谷祐司（詩人）、宣伝部部長・千葉七郎（画家）、財政部部長・堀井俊雄（建築）、組織部部長・豊富智雄（教員）、事務局局長・藤森茂男（デザイン）であった。その他、下記の方々が発起人に名を連ねた。

三浦鮮治（画家）、森本光子（画家）、近藤治義（牧師）、髙橋昭三（医師）、山本勉（会社役員）、本野圭裕（会社役員）、鈴木伝（画家）、宮川魏（画家）、籾谷真一（会社役員）、佐藤公亮（会社役員）、志田律三（医師）、田辺謙一郎（会社役員）、薄井忠男（大学教授）、金子誠治（版画家）、松本忠司（大学教授）、小松清（画家）、井上巽（大学教授）、萩原貢（詩人）、森本三郎（画家）、増田又喜（音楽）、小川清（画家）、井上一郎（会社役員）、峯山冨美（団体役員）、岡部芳郎（教員）、境一郎（教員）、鴫谷節夫（教員）、栗林関三（自営）、田辺敬策（会社役員）、佐藤八千代（団体役員）、大原初枝（団体役員）、関井可彦（教員）、掘耕（教員）、下田（教員）、石塚利行（団体役員）、古谷順子（教員）、藤平栄造（自営）、亀田信義（文学）、當間成吉（広告美術）、岡村繁（デザイン）、崎野雄一郎（教員）、樋口忠次郎（郷土史）、立藤（教員）、吉川勝彦（演劇）、本間静江（演劇）、北川勝章（画家）、浜田（カメラ）、中村陸奥夫（カメラ）、琴坂守尚（教員）、田中玄章（民謡）、山田正宏（演劇）、木の内洋二（詩文）、鹿角優一（演劇）、千葉豪（画家）、酒井栄子（人形劇）、伊藤一郎（会社役員）、井上三郎（会社役員）、工藤俊夫（自営）、牧野五郎（自営）、二口邦宏（自営）、佐々木邦衛（会社役員）、伊藤得辰郎（会社役員）、後藤重治（獣医師）、松田日出男（会社役員）、木村幸生（会社役員）、砂長谷一雄（会社役員）、髙橋政嗣（会社役員）、中瀬留治（会社役員）、長谷川広造（会社役員）、岡部昭彦（演劇）、水戸宜幸（会社員）、遠藤泰三（公務員）、鈴木富夫（公務員）、下村潤次郎（公務員）、小川豊亜（教員）

百八十三名（『小樽運河保存の運動』）

この時期、八面六臂（はちめんろっぴ）の活動を続けたのは藤森茂男（ふじもりしげお）さんであった。『守る会発起人会』事務局を担い、パンフレット『小樽っ子の心のふるさと・小樽運河をまもりましょう』を一人で作り上げ、会則の原案をも策定したのである。

発起人会は昭和四九年二月に丸井今井デパートで「運河ポスター展」「大運河展」を併催し、八月には、ヘドロで異臭のする運河を浄化する手がかりをつかもうと、日本科学者会議北海道支部公害委員会との共催で運河の水質汚濁状況を調査した。

さらに発起人会は昭和五〇年二月に道議会に「小樽運河とその周辺の歴史的建造物の保存等に関す

〔上〕昭和 40 年代　ヘドロの湧き出る小樽運河
〔下〕昭和 40 年代　画家の感性に響く小樽運河

る陳情」を行い、道議会は全会一致でそれを採択した。だが五月に道教委、市教委に対して行った「運河周辺の歴史的建造物保存の調査と対策」要請を小樽市は無視。八月には文化庁が調査を求めるが、これも無視した。

昭和五〇年六月に正式に「小樽運河を守る会（以下「守る会」）」が発足した。昭和五一年一月には日本建築学会北海道支部歴史的建築環境研究委員会が「小樽運河周辺町並みの保全に関する意見」を道知事・小樽市長に提出している。その他、「守る会」は、陳情活動、署名活動、ポスター・チラシによる宣伝活動、ワッペン・マッチ・絵葉書製作販売、運河清掃などを行ったが、計画を変える力にはならなかった。

## 労働会館の一室で

「守る会」発起人会結成の五年後、昭和五三年に京都の大学を卒業し、小樽に帰郷した私は、好奇心から労働会館で行われていた「守る会」の会合に足を運んだ。

戦後の焼き跡世代、その後の団塊の世代にも、青春時代には世代共通のテーマがあった。焼き跡世代には「民主化」、団塊の世代には「反戦平和」。しかし以後の世代には共通テーマがない。ゆえにノンポリ世代といわれた。私はまさにこのノンポリ世代だった。この国のハードを戦後焼き跡世代が、ソフトを団塊の世代が築いたとすれば、私たちは前世代が築いたハードとソフトを消費するばかりだった。

ノンポリ世代の私ではあったが、大学の頃から幕末の歴史に興味を持ち、「その頃に生まれたかった」と思うほど当時の志士に憧れていた。幕末の志士たちは「くに」をテーマにしていたが、現在ならば「まち」だろうと漠然と感じて小樽に帰ってきた。そうしたところに、まさに「まち」をテーマとした運河問題に遭遇したのだった。新聞紙に掲載された「小樽運河を守る会会合　自由参加歓迎」との告知を頼りに、昭和五三年六月、私は一人で参加した。

初めて参加した「守る会」の会合は鮮明に覚えている。正直「場違い」と思った。当局は！　体制は！　と学生運動のボキャブラリーが飛び交うかと思えば、情緒的な受け答えに終始するチグハグなやりとり。寂れた労働会館の会議室がマイナーなイメージをさらに助長した。

幕末の男臭さに憧れていた私は「こりゃいかん」と退出した。その時、私の後を追って「連絡先を」と聞いてきた人がいた。当時北大大学院に籍のあった石塚雅明（いしづかまさあき）さんである。戦前のインテリがよく掛けていた黒フレームの丸いメガネが印象的だった。私より四歳上。私のような若者の出席が不思議だったようだ。

昭和五三年五月から「守る会」会長を務めた峯山冨美（みねやまふみ）さんが運動の功労者として挙げる「北大三人組」とは、この石塚さんはじめ、柳田良造（やなぎだりょうぞう）さんと森下満（もりしたみつる）さんである。北大で都市計画を学んでいた彼らにとって小樽運河保存運動は研究対象だった。ところが、いつの間にか彼らは研究を忘れて運動に没頭し、運動の頭脳になっていく。

昭和五一年夏、小樽の大國屋デパートの催事場で北大三人組は「都市遺産研究所」の名で、「小樽運河保存のための港湾再開発と運河再利用計画展」を開催し、運河をどのように保存再生すべきかを図面や模型を使って市民に提案した。運河再利用計画の骨子は、運河沿いの石造倉庫群を文化施設や商業施設として再利用し、水辺を市民が散策できる環境に整備するものであった。扇動的な言葉で署名を集めるだけだった運動に「目に見えるカタチ」を持ち込んだのである。以降三人組は、「守る会」のシンクタンク的な存在となっていく。

私にとって三人は三国志に登場する名軍師・諸葛孔明そのもの。今も尊敬している。しかし、昭和五三年、「守る会」に対する私の印象は、峯山さんの優しい笑顔と石塚さんの大きな瞳が残ったに過ぎない。

## ノルウェー帰りの山さん

小樽運河保存運動が小樽の若者たちと接点を持つのは昭和五一年から五二年にかけて。昭和四八年の「小樽運河を守る会発起人会」発足後の三年間を小樽運河保存運動「初期」とするならば、昭和五一年・五二年は、若者たちが運動に参加する保存運動「中期」への胎動期といえる。石塚さんと並んで、若者代表として旗振り役を担った山さんこと山口保（やまぐちたもつ）さんは、石塚さんたちが主催した「小樽運河保存のための港湾再開発と運河再利用計画展」を見て、昭和五一年九月に「守る会」に入会した。

運動に共感した山さんは、石塚さんらと語り合って、昭和五一年九月に、「運河の大清掃活動」を行う。当時の運河は、放置された廃船とヘドロが充満する、関係者以外足を踏み入れない区域だった。そこに百人もの一般市民がボランティアとして清掃活動に入ったことは画期的だった。清掃中、彼らは運河の「助けて!」という叫びを聞いたという。この体験が「運河を舞台に若者が集まる祭りの風景をつくれないか」という石塚さんや山さんの発想につながっていく。

この清掃活動を企画した、山さんは岐阜生まれ。立命館大学時代、学生運動に身を投じて昭和四四年中退。その後三年に亘るヨーロッパやカナダ放浪の旅に出て、カナダ移住を決意した。いったん日本に戻り、大学の同期であった佐々木恒治（ささきこうじ）さんに会いに小樽駅に降りた。その時見た小樽の風景が、放浪時代に感銘し

〔上〕昭和 51 年開業のメリーゴーランド
〔左〕昭和 53 年当時の山口保

た北欧ノルウェーの港町情緒に似ていたことに感動し、いったんここでわらじを脱ぐことにしたという。

小樽では、手宮の古民家を再利用して喫茶店「メリーゴーランド」を昭和五一年に開店。やがて運河論争のオピニオンリーダーとなり、昭和五七年に富岡で沈め彫り工房「メリーゴーランド」開設、平成一五年から小樽市議会議員となる。

山さんが小樽に住むきっかけをつくった佐々木恒治さんは、立命館大学を出て、京都の環境事業研究所に就職。その調査任務で北海道のニセコへ赴き、宿を小樽にとったことが縁で、そのまま住み着いてしまった。昭和五二年堺町の倉庫を再利用してライブハウスの「メリーズ・フィッシュ・マーケット」（現北一硝子クリスタル館）を開店し、二階でシルクスクリーン工房を運営。昭和五〇年代後期から始まる稲穂一丁目再開発に竹内恒之氏（北海ホテル社長）の参謀として関わり、小樽開発の社長となる。丸井今井の元社長今井春雄氏の信を得て、丸井今井グループの執行部に入ったものの、平成九年の春雄社長失脚と共に丸井を去った。現在は株式会社北海道マイクロエナジー社長として、バイオマスの研究及びバイオマスエネルギーの販売を行っている。

学生運動では、恒治さんが真っ先に機動隊に突っ込み、山さんが最後まで機動隊と戦ったという逸話がある。山さんが学生時代に初めて恒治さんと出会ったとき、「コイツは、なんとやさしくわかりやすく、理路整然と染みこむような話し方をするのだろう」と恒治さんの話し方に驚いたという。

## 「叫児楼」店主興次郎

石塚さん山さんや恒治さんら、後に小樽運河保存運動の中核を担う若者のたまり場となっていたのが、昭和五〇年に開店した静屋通り（しずやどお）の喫茶店「叫児楼（きょうじろう）」だった。

「叫児楼」は、質屋の石蔵を再利用した店。ブルースをＢＧＭにオリジナルスパゲティを提供し、ジーンズ姿の若者の溜まり場となっていた。この頃の小樽にも古い建物を活用した店はあったが、「仕方なく」という消極的理由がほとんどだった。そんな状況の中で、「叫児楼」店主興次郎（きょうじろう　佐々木興次郎）は、古い建築物に積極的な意味

〔上〕昭和 50 年開店の叫児楼
平成 24 年撮影
〔下〕右が佐々木興次郎、左は小川原格
昭和 54 年撮影

を見いだし、静屋通りに面する奥村質店の石蔵を地下一階・地上二階の喫茶店に改築した。大家の奥村氏も「蔵で喫茶店？」と驚かれたという。

昭和二五年生まれの興次郎は札幌の喫茶店「ドッコ」に勤務していた。古道具が好きで札幌・小樽の古道具屋や古物商を暇があれば回っていた。独立するつもりで札幌北二四条界隈に喫茶店を計画していたが、昭和四八年にドッコのオーナーに誘われて、アムステルダム、パリ、バルセロナを巡った。そこで古い建物がレストラン、カフェ、アンティークショップなどに利用されているのを目の当たりにし、「これはまるで小樽だ！」と震えるほどの興奮を覚えた。興次郎の中でモヤモヤしていたものの答えを発見した瞬間だった。

そして昭和五〇年、小樽の静屋通りに「叫児楼」をオープン。「ここはなんだ？」と誰もが頭をひねる質店の石蔵。入口はあえて狭くした。これは旧約聖書の「狭き門より入られよ」との一節に、興次郎自身が感銘を受けたことに由来する。ただし興次郎はクリスチャンではない。

初日のお客さんは近所のＮＴＴ職員の二人きり、二日目も同じ、そして三日目に写真家の志佐公道（しさまさみち＝シサボン）が加わって三人という寂しいスタートだった。

高度経済成長時代の延長で、古い建物は壊して当然と思っていた時代だった。驚くことに一カ月ほどして「叫児楼」はなんとか採算ラインに達する。お客の多くはジーンズ姿の若者。まるで昔からの馴染みであるかのような常連関係がすぐにつくられていった。そして興次郎は小樽運河保存運動に関わる若者たちの求心力となり、「叫児楼」は小樽運河保存運動の若者部隊の巣窟として静屋通りのシンボルになっていく。

## 小樽の音楽シーン

山さんが興次郎と出会ったのも叫児楼の客としてである。そして山さんが、通称べべ（岡部唯彦　おかべただひこ）と出会ったのもここだった。

べべは昭和二九年生まれ。故郷の小樽を高校時代に離れ、東京のライブハウス、キャバレー、ビアガーデンなどで演奏のアルバイトをしていた。その頃の仲間にチャーや久保田麻琴・夕焼け楽団などがいる。

昭和四八年のオイルショックを機にべべは故郷小樽へ帰った。その後、札幌大学のロシア語学科に進学したのは五木寛之原作の『さらばモスクワ愚連隊』への興味からだった。在学中に三週間ほどロシアを放浪。大学四年の時期に、「叫児楼」の常連客となり、山さんらと接点を持つことになる。

昭和 53 年　中央が岡部唯彦　夢街バザールで販売

今日のようにカラオケもなく、ＣＤもなく、ましてネット配信もない時代だ。リスナーはすぐにプレイヤーに進化したから、小樽にもたくさんの音楽バンドがあった。興次郎はブルース好きで、自らバンドを組み、ドラムを叩いていたから「叫児楼」の常連はロックとブルースを嗜好し、また山さんの「メリーゴーランド」にはフォークを嗜好する若者が集まっていた。どちらにも自らバンドを組むプレイヤーが集っていたことから、昭和五二年に恒治さんがライブハウス「メリーズ・フィッシュ・マーケット」を開くと、「叫児楼」と「メリーゴーランド」の常連プレイヤーたちが多く利用した。「叫児楼」や「メリーゴーランド」などに通う若者たちは「俺たちが主催するコンサートを開きたい。大きなステージで大きな音で演奏したい。港を使ったコンサートをしたい。札幌にできないことをしたい」と夢を交わし始める。べべ、ブッチャー（渡辺真一郎　わたなべしんいちろう）、ヨシキ（及川良樹　おいかわよしき）らである。

当時の小樽の若者の特徴は、音楽が求心力を持ったことは全国同様としても、プレイヤー志向が東京へ向かうのではなく、小樽に自分たちのステージをつくろうとしたことにある。喫茶店がコミュニティの拠点となり、これらの集合が社会的勢力になる珍しい現象を小樽の若者が創造した。

平成二五年、小樽市内の喫茶店数は七十四軒しかないが、昭和五五年には二百十五軒もあったから三倍である。主に珈琲を媒介に喫茶店が地域の様々なコミュニティを形成した。小樽は昭和三九年に人口二十万七千人のピークを迎えた。小樽の人口ピーク時に生まれた子供が成人を迎えるのが昭和五九年であるから、人口構成から見れば昭和五九年までは小樽にも多くの若者が居住していた。この二百十五軒の喫茶店は若者コミュニティの拠点となり、中でも既述三軒がやがて小樽運河保存運動を担う若者の最大のステージ「ポートフェスティバル」の巣窟になっていく。

## 「ビート・オン・ザ・ブーン」開催

こうした若者たちの声を受けて山さんは、「守る会」の事務局長でもあった藤森茂男さんに若者による音楽イベントの相談を持ちかける。藤森さんは、小樽最大のイベントに成長した「潮まつり」を昭和四二年に創設した当事者の一人だった。

藤森さんは多摩美術大学デザイン学科の出身。大学の学びの中でデザインの語源「デジナーレ」という概念に遭遇し、デザインとは「一般的な人間生活の中で、物事を予測し、それに具体的に対処することであり、デザインは社会構造そのものの設計をし、小局の目に見える造形に波及させることだ」と開眼した。平たく言うと、目に見えるデザインは小局で、社会構造や社会姿勢など目に見えない大局的デザインから考えねばならず、小局は大局を反映する関係だということである。この考えを実践するために卒業後、小樽に戻り看板制作に夢を求めた。

「小樽という街は港のおかげで発展したし、今後も港文化を時代に即してアレンジすることが大事だ。なぜ大事かといえば、港活用は小樽の得意とすることだし、この得意芸を活かすことが小樽の人々の幸せにつながるからだ。だからまず小樽市民は港に感謝すべきだ」

藤森茂男

藤森さんは大局観をこうとらえ、創設委員の一人として昭和四二年の第一回「おたる潮まつり」開催に向け奔走した。

戦後の小樽には「港まつり（昭和二五年〜）」「競争花火大会（昭和二八年〜）」「北海道工業品共進会（昭和二五年〜）」という三つのイベントがあった。この他に各業界の見本市を盛夏に集中させた「みなと小樽商工観光まつり」（昭和三四年〜四一年）があった。バラバラに開催されてきたイベントを「港への感謝」を精神的基盤として、デジナーレ概念に沿って再編したものが「おたる潮まつり」だった。「斜陽なにするものぞ！」という反骨精神を持つ藤森さんにとって、「潮まつり」は小樽を一つにしてリメイクする戦略だったに違いない。

昭和47年10月22日　有幌倉庫解体

そんな藤森さんであったからこそ、有幌の倉庫群の惨状をその目で見たとき、幕末に黒船を見た人々と同じ危機意識を感じたと思われる。画一化、資本の論理という黒船である。

運河地区倉庫の解体

しかし、守る会事務局長の藤森さんには、運河埋立を推進する経済界から激しい圧力がかけられていた。山さんからの相談を受けた藤森さんはこう助言したという。

「独自にイベントを主催して運河を会場にするのであれば、俺がそうであったように君らにも圧力がかかるだろう。だから『潮まつり』の港バージョンとして組み入れてはどうか。『海の祭りである潮まつりを花園公園という陸で開催するのはおかしいと思っていた。港でこそ開くべきだ』と言えば理解されると思う」

藤森さんの仲介もあって山さんらの音楽企画は「潮まつり」に「ビート・オン・ザ・ブーン」として取り上げられた。潮音頭の『ドンドコザブーン』にひっかけた「ビート・オン・ザ・ブーン」なるイベント名を考え、べべが核となって仲間と『潮 de サンバ』を作曲した。

しかし、予算は大きく削られ、希望した港の会場も与えられなかった。結果的に運輸会社から借り受けた十一トントラックの荷台を舞台として、バンドとお囃子が乗り込み、『潮 de サンバ』をかき鳴らすイベントに留まった。

それでも若者達は麻袋にペインティングし、三箇所に穴を開けたところから頭と手を出し、ライブハウスのメリーズ・フィッシュ・マーケットの屋根裏から出てきた大きな旭日旗章を振り回しながら、市中をパレードした。三波春男の潮音頭に慣れた市民には、ロック調にアレンジしたサンバのリズムと若者達の奇抜な姿は度肝を抜くものであった。

山さんが描いた小樽運河保存運動としての「運河祭り」計画は未遂に終わったが、結果的にまちづくり運動と若者との接点が音楽を通じて生まれたことになる。

## 全ての始まり「メリーズ会合」

昭和五二年秋、石塚さんと山さんは「ビート・オン・ザ・ブーン」に参加した若者らを「メリーズ・フィッシュ・マーケット」に呼んで最初の集まりを開いた。この「メリーズ会合」が「ポートフェスティバル」の発端である。この会合には、「メリーゴーランド」や「叫児楼」常連、そして建築専門家を加えて二十人くらいが集まった。

冒頭、石塚さんはこう述べて参加者に理解を求めた。

「小樽市の計画は、運河沿いの市道を道道に昇格させ、二車線から六車線にするために運河を埋め立てるというもの。昭和四六年に完成した札樽バイパスを国道五号線に接続するもので、一日五万台もの交通量を予測した計画なのです。

しかし道の交通量調査でさえ、多くて三万五千台がいいとこであること、また完成したバイパスが四車線、接続する国道が四車線計画なのに、なぜ道道臨港線だけを六車線にする必要があるか、と疑問が残ります。その疑問が残る六車線道路をつくるために、なぜ運河を埋め立てる大きな犠牲が必要なのかと私たちは考えています。まるで運河を埋めるための六車線ではと意図的なものさえ感じています。その意図に私的な企みがあるのではと。たとえば、立ち退きの補償金で私腹を肥やそうとする人が誘導しているのではと疑心暗鬼が広がるほどです――。

小樽運河はその周辺に石造倉庫群が建ち並び、小樽固有の景観であることは、僕ら都市計画を研究する者たちからすると全国的にもうらやましがられるほど周知のことです。しかも運河は小樽繁栄の歴史的シンボルであり、今後の日本のまちづくりから考えてもウォーターフロントを持つ都市は貴重です。都市計画にとって道路は大事な動脈だから、それを真っ向から否定はしていません。車をさばく道路だけを考えれば四車線でいいし、四車線ならなにも貴重な運河を犠牲にしなくても、海側の市道港線の拡幅で充分だと、僕たちは考えています。

また都市計画の最先端では、過去のものを全て壊してつくるスクラップ&ビルドではなく、歴史を活かしたまちづくりが強く提唱されています。小樽はその素材をどこよりも豊富に持っているのだから、世界に誇り得る最先端のまちづくりができると僕たちは考えています。

僕ら都市計画の研究グループはそう考えていますが、運河保存を訴えている小樽運河を守る会の運動だけでは、なかなか市民に世論を巻き起こすほどの運動にはなりづらいのです。だからここに皆さんに集まってもらいました。若い発想とエネルギーをなんとか、この状況の中に注ぎ込みたいと願っています」

続いて山さんが立ち上がった。

「どうや、みんな！　運河でイベントせえへんか。音楽をやっとる奴は自分たちの音楽ステージを運河につくるんや。僕らは潮まつりに参加したけど、結局僕ら自身のステージは与えられなかった。他人のつくった祭りの軒先を借りるんやなくて、僕ら自身が母屋をつくり、自由に使えるイベントを創造せにゃいかんと思うんや。どうや？」

石塚さんと山さんの提案に最も強く反応したのが興次郎とべべであった。

興次郎はヨーロッパで古い街並みを活かす若者文化に共鳴し、運河周辺に叫児楼の立地を探した経験を持つ。べべは、東京時代に社会的目的を持つライブコンサートを経験し、自らもそういう音楽の持つ社会的機能を模索していた。その空白をまるで石塚さんと山さんが埋めてくれたように感じた。「ビート・オン・ザ・ブーン」は単に音楽発表の場づくりであったのに対して、このイベントは自分たちに都市再生への役割を与えてくれると二人は感激したという。

こうしてメリーズ会合は以後十七年間続くポートフェスティバルの起点になっていく。

# 第2章 「小樽ポートフェスティバル」の創出

## 藤森事務局長の悲劇

賽は投げられた。翌年の夏に向けて一年弱の限られた期間、わずかな仲間たちで前人未踏のイベントを準備しなければならない。しかも、この昭和五二年当時、小樽運河保存運動は埋立派の強力な巻き返しにあい、苦戦を重ねていた頃だった。特に資金的支援をお願いすべき経済界では運河について語ることはタブーとなっていた。

昭和四一年小樽市は、札樽バイパスの延長で、道道臨港線を都市計画決定した。これによって、有幌倉庫群が取り壊される現場を見た小樽市民の危機感が、昭和四八年の「小樽運河を守る会発起人会」設立となったことは先にふれた。越崎宗一（こしざきそういち）氏を会長とし、藤森茂男氏を事務局長として発起人会が発足し、運河埋め立て反対の陳情や署名集めを開始した。そして昭和五〇年六月、正式に「小樽運河を守る会」が発足する。

一方「守る会」誕生に対抗して、推進派は昭和五一年十一月に「道道臨港線早期完成促進期成会」を発足させ、川合一成（かわいかずなり）小樽商工会議所会頭を会長に選んだ。こちらも小樽市、小樽市議会、色内港町町会に陳情を行う。この段階で対立する両組織が出揃ったことになる。

こうした攻防のさなかに「守る会」事務局長の藤森さんに経済界から圧力がかけられる。藤森さんが専務を務める株式会社フジモリのメインバンクに経済界長老たちが「融資をしないように」と圧力をかけたのだ。どんな理由を考えたかは知らないが、こういう横やりを実行した銀行があったのも事実である。さらに藤森さんを北海ホテルに呼び出して十人ほどの経済人が囲み、「事務局長を辞めなければ商売ができなくなるぞ！」と脅した。藤森さんはこれに屈しなかったものの、運転資金を調達できなくなったフジモリは縮小を余儀なくされる。そして藤森さんは家族や社員を養うため、昭和五一年六月、「守る会」事務局長を降板した。断腸の思いだったに違いない。同年十月には「守る会」会長の越崎宗一氏も急逝。さらに翌年暮れには藤森さんが脳血栓で倒れ、大晦日に株式会社フジモリが倒産してしまう。

昭和六〇年に半身に麻痺が残る藤森さんが描いた絵画『赤い運河』は、その後、小樽運河保存運動の象徴となった。「自由を失った右手に絵筆をしばりつけ、脂汗を流しながら血の涙で描いたものです」と藤森茂子夫人は教えてくれた。ニュースキャスターの筑紫哲也氏が来樽時に藤森宅を訪ねられ、「小樽運河はまさに世界的な遺産といってもいい」と、握手をしながら励ましてくれたともいう。このような運河保存への藤森さんの熱い思想と情熱が起点となり、後年、大きな輪となって波紋を広げていくのだ。

私は藤森さんとはついぞお話しする機会に恵まれなかったが、一度だけ市議会の傍聴の際にお見かけしたことがあった。運河が持つ潜在的な価値の議論もなく、数で押し通す茶番さながらの幕引きを見て、私の前に着座されていた藤森さんが「ふん！」と声を漏らし、すっと立ち上がり、手に抱えていたジャケットを肩にかけ、議場を後にした。ニヒリズムとダンディズムとを併せ持った一瞬の姿が今も新鮮に残る。

小樽は、明治から昭和初期にかけて、北海道の物流・人流の玄関口となり、港湾商業都市、物流基地としてこの世の春を謳歌した。

小樽は商業港ではあったが、その発展は開拓の拠点が札幌に定められたことからもたらされたものであり、北海道の開拓政策＝国策と強く結び付いていた。北海道の石炭や木材は小樽港から本州・海外に出荷される流通経路が確立する中で、小樽港のビジネスモデルが形成されていった。こうした中で、小樽商人と称された多くの商人群像を育む。斬新なビジネスモデルを創出して発展した商人もいたが、財を成し得た小樽商人の多くにとって中央とのパイプは命綱であった。このような小樽経済の構造は第二次世界大戦とともに崩壊するが、中央との関係は戦後も継承され、中央政治の恩恵によって小樽は、米、穀物、肥料、飼料などの備蓄基地（港湾業・倉庫業）として延命していった。

この昭和五〇年代、小樽の港湾産業は小樽経済全体の二パーセント程度にしか過ぎなくなっていた。しかし、この二パーセントという少なさが忘れられるほど戦前の港湾業の栄光は強烈で、戦後も長くえられていた。

「港は小樽の聖域」とする認識が浸透し、港を維持するには中央との強い結びつきが必要不可欠と考えられていた。

戦後高度経済成長の波に乗り遅れた北海道は、脱一次産業と工業化を目指して開発政策を進めた。昭和三九年に、小樽を含む道央圏が新産業都市に指定されると、石狩地域に広大な工業コンビナート建設の夢が語られ、小樽はその海の玄関としてかつての栄光を取り戻すかと期待された。運河は古い小樽の象徴であり、これを早く取り壊して新生小樽に生まれ変わらなければならないと小樽を動かす政財界は考えていた。加えて工業化に乗り遅れた小樽財界にとって運河を埋め立てる道道臨港線計画は、地域にお金を落とす公共事業としても魅力的だったのである。

ゆえに、運河の保存派がどんなに叫んでも、推進派である小樽経済界の重鎮たちの心は一ミリも動かなかった。すでに議会で都市計画決定された方針を変えることは、「行政の根幹に関わる」とした当時の志村市長の口上も不思議ではない。

藤森さんの悲劇は神話化し、運河問題はタブー視される。会社を経営する立場の人々にとって、それは決して開けてはならないパンドラの箱だった。

こうした時代状況の中、運河を舞台とした若者によるイベントは企画されたが、運河問題をタブー視する空気が色濃く街を覆うなか、若者だけで小樽市民を巻き込むイベントの実現は難しい。そこに小樽の旧社会と若者を繋ぐ媒介者が登場する。静屋通りの老舗「藪半(やぶはん)」の跡取り、格さんこと小川原格(おがわらただし)さんである。

## 静屋通りの「藪半」

昭和五〇年代から「叫児楼」の立地する静屋通りには、「丸岡徽章店」「松茂里」「食道園」「天八」「現代」そして「籔半」といった老舗に加え、「あとりゑ」「アップル」「珈琲野郎」、そして「戯屋留堂」「ミッキーハウス」「マッチボックス」「のいぶるすと」「ペーパームーン」「ホワイトハウス」「エルム」といった新しい店が建ち、当時の新聞に「小樽の原宿」などと書かれた。

静屋通りの名前は、第四代北海道庁長官（明治二五年）北垣国道の雅号「静屋」に由来する。明治五年に、榎本武揚と北垣国道が共に現在の稲穂・富岡地区の官有地の払い下げを受け、今で言うデベロッパーである「北辰社」を設立して宅地開発をすすめた。榎本武揚の雅号『梁川』は「梁川通り」として、「静屋通り」と並んで今も残っている。

昭和 54 年当時の小川原格

格さんは、そんな静屋通りの老舗蕎麦処「藪半」の跡取り息子である。

格さんは、昭和四三年、芝浦工業大学に入学。学生運動に身を投じ、リーダーとして活動。大学に七年半在籍し、結果的に除籍処分となった。そのため親戚から総スカンを食らったが、大叔父にあたる倶知安の画家・小川原脩（1911〜2002）氏のみが理解を示してくれたという。

格さんは運河問題にも関心が深く、昭和五二年には『北海道読書新聞』に「歴史的環境保存からの決別」という挑発的な題名の投稿をし、歴史的建造物の動的保存を訴えている。これは後に「小樽モデル」と称される小樽の歴史的建造物再利用の理論的基盤となった。

さらに、この投稿は、「北大三人組」石塚さんと柳田さんの目に止まった。二人は「小樽にもこんな感性を持つ若者がいたのか」と喜びの声を上げたという。もともと格さんは芝浦工業大学建築工学科に身を置いていたので、石塚さん、柳田さんと近いバックグラウンドがあったのである。こうして格さんと二人は出会うことになる。

昭和五三年六月、建築家グループ「北海道の環境を考える会（ハビタ札幌）」が運河保存のシンポジウムを開く。「ハビタ」は「住まい・生息地」などを意味する英語の「HABITAT」から来たもの。当時美唄工業高校教諭の駒木定正（こまきさだまさ）さんのほか、狩谷茂夫（かりやしげお）さんと山之内裕一（やまのうちゆういち）さんら道内で活躍する一級建築士で結成された。

格さんは、会場となった運河傍らの前野麻袋倉庫に出かけ、ここで初めて山さん、興次郎と出会う。

「おかっぱ頭にツナギ姿で会場設営をし、自分と同じような匂いを放ち、目がギラつくように輝いていた若者」

それが山さんを初めて見た格さんの印象だった。

興次郎は「一番後で籔半の半纏を着て、ムシロの上に胡座をかいていた格さんの姿が印象的だった」と語っている。

格さんは格さんで、「日本建築界の大家・西山卯三氏の講演も素晴らしかったが、このような石造

（右）昭和53年　石造倉庫セミナーのポスター
（上）昭和53年　石造倉庫セミナーの会場
前野麻袋倉庫風景

倉庫をシンポジウム会場とした若者達のセンスに感心した」と振り返る。山さん・格さん・興次郎、後年「ポート三人組」といわれる面々が、初めて顔合わせをした風景である。

格さんが身を投じた全共闘運動は、安保反対、ベトナム反戦や沖縄本土復帰など、政治闘争に主眼を置いた運動のように見られがちだが、格さんは「戦闘的街頭デモだけが学生運動ではない」という立場だった。「学生自らが依って立つ〝場〟である大学の旧態依然たる当局に立ち向かい、要求を勝ち取る一方、学生の生活防衛・福利厚生の向上を、自立した運動として展開」と言って「大学生協運動」を推進した。

学生運動不毛の地といわれた芝浦工大で運動をゼロから進め、一般学生を組織し、自治会・生協・

教授会を動かした。当時大学では、ほとんどの学生が購入する製図道具を大学が極めて高価に売りつけ、法外な利益をあげていた。これでは学生生活を守るための大学生協が存在理由を失うとしてメーカーと直接交渉し、安価な販売ルートを開いた。格さんは芝浦工大の生協を都内単科大学で一番の売上をあげる大学生協に発展させた。

こうした運動に関わってきた格さんは、「小樽運河を守る会」の陳情や署名集めという旧来型の運動から脱しない姿に疑問を感じ、市民を味方に引き込んだ市民運動を考えていた。ゆえに、この日の出会いは運命的だった。

## 駒木講座

ハビタによるシンポジウムでは、西山卯三京大名誉教授、足達富士夫（あだちふじお）北大教授、越野武（こしのたけし）北大助教授ら錚々たる学者たちがパネラーとなり、小樽運河に学術的価値を与えたことによって、運河保存運動の節目の一つになったといっていい。シンポジウムの中心には、のちに小樽の歴史的建造物研究の第一人者となる駒木定正さんの存在があった。

駒木さんは昭和二六年生まれ。美唄工業高校で建築を教える三十歳の高校教師である。教職の傍ら夕張の炭鉱住宅を研究し、小樽の古い建築物にも興味を示し、度々小樽にも訪れていた。その途上「叫児楼」で一服するのが常だった。ここで運河保存運動の話を聞き、その仲間に引き込まれていく。一

平成 29 年　駒木定正

週間に一度のペースで小樽に通い、朝まで議論を戦わせ、寝ないまま教壇に立ったこともあったという。

その情熱は、駒木さんが近畿大学在学中に大阪の「中之島まつり」（昭和四八年第一回）に参加したことに端を発している。中央公会堂、日銀大阪支店、大阪市庁舎、府立図書館などが取り壊しの危機にあったときに、若手の建築家や技術者の呼びかけに応えて市民団体が「中之島まつり」を開催し、その貴重さを訴え、保存に貢献した。

昭和五三年以来、我々運動メンバーが、どれほど駒木さんが発掘した小樽建築の歴史価値に驚き、鼓舞されたかわからない。格さんが「駒木の歩いたあとにはペンペン草も生えない」というのは、駒木講座を何度も聴かせてもらった我々のジョークとなった。駒木さんこそが〝運河のみを守る運動〟から、〝市内全域の歴史的建造物を守る運動〟への切り替えスイッチを押した張本人である。

## 責任は俺が取る！

新たな力を得てイベント準備は加速した。まずはイベント名である。主旨からすれば、ずばり「カナル・フェスティバル」なのだが、運河問題という政治臭を避け「ポートフェスティバル・イン・オタル」とした。

「運河のシンボルであった艀をビアホールとして使いたい」との企画を実現するため、山さんが手宮の酒屋、三浦商店の三浦始（みうらはじめ）氏に間に入ってもらい、野中回漕店を通して北日本倉庫の許可を得た。ハビタがシンポジウムに使用した前野商店麻袋倉庫も借用できた。

会場となる運河周辺の道路は、山側が道道、海側が市道（港湾管理者である小樽市の管理）のため、北海道と小樽市の道路占有許可が必要だった。この折衝に当たったのが大谷勝利（おおたにかつとし）さんと笠井実（かさいみのる）さん、そしてDAXこと原田佳幸（はらだよしゆき）さんである。

大谷さんは小樽の設備会社である内外設備に勤務していたサラリーマンである。渡辺真一郎、草野治（くさのおさむ）、広瀬一郎（ひろせいちろう）らとともに居酒屋「とーてむ」や「樽」に出入りし、彼らもまた昭和五二年秋のメリーズ会合に出席していた。会合で「運河を保存再生させるためのイベント」に強い共感を抱く。後年、大谷さんは「市民運動がともすれば政治運動に陥りがちなのに対して、市民に向けた運動というスタンスに共感し、参加を決めた」と語っている。

一方大谷さんは大のブルースファンで、ポートフェスティバルの企画に「ブルース収穫祭」を提案し、札幌を中心に活躍していたブルースバンド「ベイカーショップ・ブギ」に出演を依頼した。ベイカーの呼びかけに仲間のブルースバンドも駆けつけ、以後「ブルース収穫祭」はポートフェスティバルの定番となっていく。

DAXは、「ビート・オン・ザ・ブーン」の首謀者の一人だ。後にタウン誌『ふぃえすた小樽』の編集長として小樽運河保存運動の一翼を担う滝沢裕（たきざわゆたか）、べべとともに居酒屋「いぇい」

の常連であるこの三人で「ホイホイブラザース」なるバンドを組んでいた。サントリーバー「バレル」に勤務していたが、昭和五三年六月に、「叫児楼」の向かいにレストラン「マッチＢＯＸ」をオープンさせる。映画と料理が好きなＤＡＸは、後年北海ビル(平成二七年解体)にあった映画館「サードベース」の館長をし、ジャズカフェ「BeeJay」の店長でもあった。時代の先端をとらえるアンテナが鋭く、夏は真っ黒に日焼けするライフスタイルの持ち主だった。、人の話をしっかりと聞く人で、私はいつも適切なアドバイスをいただいた。

べべは後に、バンド「ビッグマラーズ」を、ヨシキ・セイジ（館山誠治 たてやませいじ）・マッツァン（松橋敏幸 まつはしとしゆき）・サナエ（上田早苗 うえださなえ）らと結成し、ポートフェスティバル（第一回〜第七回）のロックステージのトリを飾っていく。

さてＤＡＸらの「イベントのために道を使わせてほしい」との要請を受けて、北海道土木現業所は小樽市土木部、小樽市教育委員会、小樽市港湾部、小樽警察署、小樽市消防署などの関係機関と対応を検討した。再三図面の書き換えを求めてきたがＤＡＸたちはねばり強く対応した。

「なぜ運河周辺なのか」と問われ、「運河は我々小樽人にとって海のシンボルだ」と答えると、それ以上のツッコミはなかったという。事務レベルでは運河という政治問題を双方とも意図的に避けた。

許認可で最大の焦点は「事故が起きた場合の責任所在」であったが、保険をかけることに加え、大谷さんの「万が一のときは俺が責任をとる」の一点張りで、今では考えられない「黙認」を得てしまう。こうして本番二カ月前の五月に道路占用許可が下りた。

## フリーマーケットの先駆け

運河周辺道路と倉庫会場の許可がクリアした。次は企画である。

そもそも港湾機能のための運河にイベント機能など想定されてはいない。全てが目的外再利用だ。その再利用が「なにこれ？」とガッカリされては意味がなく、「なるほど」と感じてもらうことがポートフェスティバルの意義だった。

艀（はしけ）を九艘借用し、三艘ごとにつなげて「ビアホール」「マルチスペース」「フォークステージ」の会場とした。それぞれをコンパネで囲って観衆の落下を防いだ。ビアホールは手宮の三浦商店に依頼して出店者を集めてもらい、イベントとステージは実行委員自ら準備することにした。

昭和 53 年　DAX こと原田佳幸

DAXは、屋内ステージとして前野倉庫を確保したほかに、運河裏のカフェ「海猫屋」と交渉して二階を借り受け、そこで短編映画の上映が決まった。メインステージはべべやヨシキ、大谷さんが中心となり旧税関の跡地を借り受けることができた。
こうして海の見える「野外ステージ」、運河に浮かぶ艀を利用した「フォークステージ」、前野倉庫や海猫屋の「屋内ステージ」と、三つのステージが用意された。「小樽に俺たちのステージを」という夢の実現だった。

企画のテーマは「運河のポテンシャルを新たな運河環境めざして最大限に発掘する」ことだ。山さんは運河沿道を「趣味で何かをつくっている人々の発表の場」、つまり趣味でつくったアートやクラフト作品の発表と即売の場として実現できないかと提案した。まさに今日のフリーマーケットの先駆けである。

しかし祭りで出店となれば、プロの露店商がどう動くかが心配だった。

山さんは手宮で名を馳せていた手宮同志会の安田静也（やすだせいや）さんに同行をお願いして、その兄弟分である北海道両国家小原三代目秋川信雄（あきかわのぶお）親分宅に出向いた。昭和五三年春の日曜日である。

山さんは、イベントの主旨や経緯、企画を説明した後、こう言って頭を下げた。

「そういうわけで、二つのお願いがあってお邪魔させていただきました。僕らの祭りがどんなものになるかもわからへんし、怖そうなお兄さん方がいるとイメージが変わるので、どうか大目にみてもらえないでしょうか。そしてもう一つ、僕らは無一文から始めるので、少しばかりの資金集めとして、秋川親分が仕切っておられる小樽の水天宮祭に、僕らにも出店させていただけないでしょうか」

山さんは安田さんから教えられた通り切に訴えたが、親分は即答を避け、

「おい！　すきやきでもするか？」と子分に買い物を命じた。

そしてすきやきを食べながら雑談になったが、

「大旗・中旗ならともかく、わけのわからない小旗には出られない。せめて中旗になってから出直してこい。また水天宮祭への出店はわしからよく言っておく」

そういう返答を四時間後に聞くことができた。

旗の大きさは祭りの規模をいい、「札幌祭り」が大旗レベル、「潮まつり」が中旗レベルとされていた。一方、ポートフェスティバルはどこの馬の骨ともわからない若者たちの祭り。ママゴト如きのものであるからメンツに関わることはないと親分は考えたに違いない。水天宮祭の可能性を聞けただけでも成果があった。

帰り際に安田氏から「お前なあ、手ぶらで親分のもとに行くもんじゃないぜ。まして頼み事なんだから、酒の一本でもぶら下げていくもんだろ」と叱られたという。

「そういうマナーも僕は知らなかったんや」と山さんは述懐している。

次にDAXは山さん提案の「趣味で何かをつくっている人々の発表の場」に対し、「いったい誰にどうお願いすれば」と悩むのだ。フリーマーケットという言葉が生まれるのは、まだ先のことだ。

時間の迫っている中でDAXが働きかけたのが商店街だった。百軒を超える商店を回って二十軒ほどが参加。次に「叫児楼」の隣で骨董屋を営んでいた「戯屋留堂（ぎゃるどう）」店主　川内春樹（かわうちはるき）氏に依頼したところ全道の骨董店仲間から十二軒の参加が決まった。クラフトを趣味にしている人については、知り合いを通してなんと三十人の参加を確保。そして最後に飲食店関係者に声を掛け、十軒ほどが参加を決めた。こうして八十軒以上の参加を得て約百コマを埋めることに成功した。残りのコマには実行委員会スタッフによる金魚・綿菓子・ヨーヨーの店を管理小屋として配置した。骨董品店のノミの市、商店街の在庫一掃バザール、趣味製作の発表の場、飲食店の出店、全てが小樽では初めての経験であった。

さてこうして場所と舞台、企画とキャストが揃った。あとは会場の設営である。この現場を指揮したのが大谷さんだ。

本番十日前から旧税関跡地にテントを張り、泊まり込みで設営作業をする。資金がないから全部素人スタッフで設営しなければならない。このとき大谷さんは勤務先への辞表を用意していた。許認可の際、「俺が責任をとる」と大見栄をきった覚悟もあった。事実、大谷さんはこの年の七月末に会社を解雇されている。

設営は安全な日中に限られたため、スタッフはみな勤務先に休暇を願い出てローテーションを組み、毎日コツコツと設営作業に参加した。メインステージとなる旧税関跡地の設営、電気工事の足場工事、運河に浮かぶ艀への歩み板設置、ゴミ箱の設置、通行止めバリケードなど、作業を数え上げれば切りがない。資材は全てレンタル。飛島建設の子会社からコンパネはじめビデ足場・タンカン・クランプ・歩み板などを、また当時緑町にあった武田建設からコンパネ二百枚、札幌の北海道工業大学からも出店用コンパネ百枚を借りた。

この運搬に使った四トン半トラックをシサボンが運転した。ところが札幌の荷物は八トン近くあった。このため札樽バイパスの若竹付近でトラックのタイヤがバースト。大惨事に至らなかったものの冷や汗ものだった。小樽郵便局のカーブでコンパネがズレて全て路上に散乱するハプニングも起きたが、これも付近に車も歩行者もいなかったことが幸いした。重量計算や積荷の固定の仕方を知らないシロウト仕事のせいであった。いま思えば神が味方したとしか思えない。

夜になると女性陣が食事の準備に精を出した。これを仕切った北田聡子（きたださとこ）ことキッコは以後のポートフェスティバルの番頭役となる。

## なんでこんなに来るの？

昭和五三年七月八、九日、土曜日と日曜日、第一回ポートフェスティバルの幕が開いた。両日とも晴天。

私は「北樽路（のすたるじい）」という団体名で友人らと参加した。手づくりの怪しげな団扇を仕込んで売ったが、初日で完売。徹夜でさらに同数を仕込み、二日目も完売だった。こんないかがわしいものがよく売れたものだと思う。ゆがんだ手づくりの怪しげな団扇を、来場者が飛ぶように買う空気をポートフェスティバルは産み出した。

昭和53年　第1回ポートチラシ

ロックやブルース、フォークが港に鳴り響き、若い観衆はステージ前で歓声を上げた。傍らで爺ちゃんが孫の手をひき、足でリズムをとる。軒を連ねた百コマの出店では、今までの祭りでは見たことのない品物が並び、運河沿いの会場は立錐の余地がないほどに埋め尽くされた。

〔上〕昭和 53 年　第１回ポート大家倉庫前
〔下右〕同小樽倉庫前
〔下左〕同大家倉庫前出店の 人だかり

スタッフは日焼けした肌に思い思いの印半纏(しるしばんてん)を纏(まと)い、マイクロホンを片手にかすれ声で号令をかけ、会場の管理に追われた。大谷さんは骨董屋から購入した半纏にキチガイの「キ」印を付け、興次郎は「狂」印の印半纏をまとった。大入りの会場にスタッフの人手は足りず、知り合いを見かければ、にわかスタッフに駆り出した。

本部テントでＤＡ

（上）昭和53年第1回ポート
旧税関跡地のメインステージ
（右）メインステージに集う観衆

Xは、茫然自失状態のキッコに呼び止められ「なんでこんなに来るの？」と問いかけられた。「わからん」と要領をえない答えを返したが、それは海に夕陽が沈んでいく借景とともに今も忘れられぬ光景だったとDAXは語る。

小樽斜陽の象徴とされ、沈没した廃船と苔むした倉庫が並び、誰も足を踏み入れなかった運河が、多くの若者や市民でごったがえす場所に変わった。

最終的な来場者は、当初予想の六千人をはるかにしのぐ八万人。この事実に多くの市民は驚きを隠せなかった。新聞が「小樽の無名の若者達が仕掛けた運河イベント、大盛況！」と報じると主催者は「無名は余計だよ」と苦笑した。

大家倉庫（おおいえそうこ）前に設置された本部の隣には「小樽運河を守る会」が陣取った。そこでは峯山冨美「守る会」会長（昭和五三年就任）以下会員たちが、声高らかに「運河保存にご署名を」と呼びかけ、多くの成果を上げた。

## ポートフェスティバル総決算

第一回ポートフェスティバルは成功裏に終わった。大変だったのはイベントの後かたづけである。お客が姿を消したのは最終日の夜十一時くらい。「借りる前よりきれいに」を掛け声に、会場のゴミ収集、撤収作業が始められた。祭り本番には二百名を超す若者スタッフが駆けつけたが、後かたづけには八十人くらいしか残らない。

飲食店の出店には食べ残しが多数あり、汁物には手をやいた。持ち上げた途端、その汁を全身に浴びることもしばしばだ。造作物の撤去作業は労力を伴う。各自がクランプを持ち、ビデ足場の解体、ステージの解体、バリケードの解体、解体作業が終わるとスタッフ全員が二人一組となって足場やコンパネを拠点ごとに整頓し、巡回するトラックに運び上げた。

電気関係撤収作業は越前電気のスタッフが手際よく少人数で行い、音楽ステージの音響関係は札幌の委託会社が撤収作業にあたった。最後に細かなゴミを全員で拾い、作業が終わる頃、月曜日の会社出勤の時刻を迎えた。その後にはレンタル資材の返却という最後の肉体労働が待ちかまえている。武田建設、飛島建設や北海道工業大学への返却のため、男全員がトラックに乗り込み、札幌へ向かう。

北海道工業大学では三階の資材置き場まで返却しなければならず、全員ヘトヘトとなった。会場に残った女性スタッフは、ゴミを収集する業者を手伝い、最後の食事の準備をした。

昼過ぎに男性部隊がトラックを返却して会場に戻ると、凱旋の雄叫びが上がった。こうして全ての後かたづけが終了。汗と汁ものの臭いをプンプンさせながらも、疲れ切った顔にはホッとした笑顔が浮かぶ。女性スタッフが用意してくれた食事を掻き込み、それぞれの思いを語り、達成感とともに解散となった。男達はそのまま市内の銭湯やサウナに四散していった。

実はこのような後かたづけの段取りが確立するのは二回目以降であった。初回には誰もが興奮の余韻と安心を抱いて、三々五々帰宅してしまい、あとに残ったのは大谷さん、DAX、シサボンくらいという有様。何人かに毎日電話をして助っ人を揃えたりしたが、結局後かたづけが終わるのに一週間もかかった。この三名は約二十日間もの長期間、テント泊をしたことになる。

第一回ポートフェスティバルの支出は約四百七十万円。これに対し、ビアホールの収益金二百十万円、出店からの場所代百万円、広告協賛や商品販売で百五十万円、これに六月に開催したハビタ主催によるシンポジウムからの支援金三十万円を足して、結果的に二十万円の黒字となった。出店からの収入は自己申告の売上げの二割を徴集する仕組みだった。

もし二日間のうち一日でも雨にあたれば、出店の売り上げもビアホールの売り上げも大きく落ち込み、一気に赤字になっただろう。これ以降、実行委員会は「一雨三百万円」と雨を恐れた。

当日の早朝に、会場である小樽運河の竜宮橋と中央橋の間に腐乱死体が浮く事件まで起きた。幸い警察の出動によって事態は早めに収拾したが、処理のためにイベントが影響を受ける恐れもあった。

ポートフェスティバルが赤字で終わったならば、二回目が果たして実施されたかは疑問だ。それほどリスキーな祭りだった。

第一回ポートフェスティバル実行委員会の主だったメンバーは以下の通り。メリーズ会合の出席者らが中心となり、それぞれがそれぞれの人脈で仲間を集めていった。(昭和五三年及び平成二一年現在)

●叫児楼コミュニティ

佐々木一夫（当時叫児楼代表　現在運河プラザ喫茶部店主）
岡部唯彦（当時札幌大学四年、現在FM北海道営業本部長）
石塚雅明（当時北海道大学大学院生　現石塚計画デザイン事務所代表）
渡辺真一郎（当時内外設備勤務　現在NTT電報配達請負）
佐々木恒治（当時メリーズ・フィッシュ・マーケット代表　現在株式会社北海道マイクロエナジー代表）
及川良樹（当時楽器店勤務　現在中央バス観光商事勤務）
松橋敏幸（郵便局勤務）
志佐公道（写真家）
大谷勝利（当時内外設備勤務　現在大谷営繕代表）
草野　治（当時内外設備勤務　現在殖産職員　美深で農業）

北田聡子　（当時北海道通信電設勤務　現在無職）
広瀬一郎　（当時内外設備勤務　現在広瀬設備代表）
西條則英　（当時近藤硝子勤務　現在福祉関連勤務）
原田佳幸　（当時マッチＢＯＸ店主　現在サント・チェーロ店主）
滝沢　裕　（当時ＮＴＴ勤務　現在北海道テレマートコールセンター長）
太田善之　（当時無職　現在モダンタイスム店主）
鳥畑博嗣　（当時北星大学生　現在北海道カヌー協会スラローム委員長）
遠藤友紀雄　（当時朝陵高校三年　現在株式会社遠藤商店代表）
神代順平　（株式会社クマシロシステム設計　当時社員　現在代表）
白沢桂子　（当時片倉チッカリン勤務　現在佐々木一夫夫人）
小田悦子　（当時北一硝子勤務　現在神代順平夫人）

●メリーゴーランドコミュニティ

山口　保　（当時メリーゴーランド店主　現在小樽市議会議員）
中　一夫　（当時越前電気勤務　現在北海道新聞中販売所代表）
笠井　実　（当時河合工務店勤務　現在朝日新聞販売員）
斎藤友美恵　（当時双葉高校　現在笠井実夫人）
坂本和雄　（坂本造園代表　故人）

吉岡雅美　（当時札幌大学学生　現在株式会社札幌メールサービスプロデューサー）
天下善博　（当時玉光堂勤務　現在京都の聾学校勤務）

●ハビタコミュニティ
駒木定正　（当時美唄工業高校教諭　現在北海道職業開発大学校教授）
狩谷茂夫　（当時設計事務所勤務　現在有限会社ＴＡＣ一級建築士事務所所長）
山之内裕一　（当時設計事務所勤務　現山之内建築研究所所長）
梅原洋介　（当時設計事務所勤務）

〈順不同・敬称略〉

# 第3章 破られたタブー

## 八万人の世論

ポートの成功を誰よりも評価してくれたのは、「運河を守る会」会長の峯山冨美さんだった。まるで母親が我が子の成長を喜ぶように満面の笑顔で讃えてくれた。

石塚さんも山さんも格さんも興次郎も、「守る会」に名を連ねてはいたが、ポートに忙しく、「守る会」の活動はご無沙汰せざるをえなかった。無論、彼らポート幹部は峯山会長と密な連絡をとっていたことは言うまでもない。「運河を守る会」と「ポート実行委員会」は底辺で握手をし、互いの自立性を認め、緩やかに支援し合う関係といえた。「運河を守り再生する」目的は同じだが、手法や支援者に明確な違いがあった。「ポート」が「守る会」の主催行事であれば、これほどの大胆さは発揮できなかっ

晩年の峯山冨美

ただろう。

新聞やテレビもポートの成功を大々的に報じた。斜陽の小樽で、このような爆発的な賑わいを起こしたことは充分報道に足る出来事だった。ポートの成功により、タブーであった運河問題は小樽のここかしこで話題にされるようになった。飲み屋、社内、井戸端会議、営業先で「運河をどうすべきか」が話し合われた。これを「まさかこんなことになるとは」と苦々しく思っていた人々もいた。道道臨港線早期完成促進期成会を組織する小樽市や商工会議所、そして港湾業界などのボスたちである。仮に埋立推進の立場から埋立署名を集める参加申込があったとしても、ポートは拒まなかっただろう。「運河について考える場を提供する」ことを建前としていたからだ。

ポートフェスティバルに会場占用の許可を簡単に与えてしまったことを小樽市は悔やんだという。彼らは単に若者の海の祭りとしか見ていなかったのだ。こうした反応を見越して、「カナル・フェスティバル」ではなく「ポートフェスティバル」とした作戦勝ちなのだが、蓋を開けてみれば「運河はこんなに人々が集まる」「こんな新たな使い方ができる」「もしかしたら小樽には未来に向けた大きなポテンシャリティがあるのでは」という発見にくわえ、「守る会」が堂々と署名活動をする場になってしまった。

過程はどうあれ、結果として八万人の参加によって運河問題はタブーから解放された。本物の詐欺師とは「騙された人が騙される前より幸福を感じること」という台詞が映画『スティング』にあるが、これは名も無き小樽の若者たちが大人たちを騙した愉快で壮大な詐欺ともいえる。腫れ物に触るように語ることすらできなかった運河を、小樽市民が堂々と語る幸福を得たことを思うと、その大胆さには驚くばかりである。恐れを知らず、空気を読むこともない小樽の若者たちは「ポートフェスティバル」という新たな空気を創ってしまったことになる。守るものがないから惜しむこともなく、保つ立場がないから身体を張る。古今東西、歴史は若者が創ってきた。ポートフェスティバルの大成功は、まさに小樽の新たな歴史の幕開けであった。

## 政治と経済の隙間を文化が歩くんや

昭和五三年三月に京都の大学を卒業して帰郷した私は、桜陽(おうよう)高校時代の友人美濃進（みのすすむ）と共に散らばっていた友人に向けた『北樽路(のすたるじい)』という名のミニコミ誌を発行していた。「懐古」を意味する英語のNostalgiaに「北の街小樽の路」を当て字にしたものである。スタッフは美濃と私の他に同期の友人、その家族や親戚らで構成された十人ほどだ。

母親から、かつて小樽に「犬婆(いぬばば)」「手宮のアニ」「マーボウ」といったユーモラスな有名人がいたことを教えられ、古老に詳しく聞いて記事にした。ひょっとするとそれらの方々は、今で言う精神に不自由な方々だったのもかもしれない。ただ母の時代には、そういった人々をも温かく見守り助けるお

〔上〕昭和53年ポート参加の出店
北樽路
〔右〕北樽路前に立つ筆者

おらかさが小樽にあった。私は、そういうことを書きたかったし、それが古き良き時代の小樽が持っていた度量の大きさだとも感じていた。「憂樽（ゆうたる）」コーナーを設定し、小樽で活躍している人々の小樽観を取材した。

こうしたミニコミ誌を北海道新聞が注目し、相棒の美濃と共に写真入りで市内版に大きく取り上げた。当時私は二十二歳の若造で、新聞に載ったことで有名人になったような錯覚を覚えた。それはどこにでもいる世間知らずでしかないが、この機関紙は私が「ものを書く」ことに傾倒する契機となった。

ある日、『北樽路』の同士、美濃がどこからか「今度運河で祭りがあるそうだ」と聞きつけ、「俺達も参加しよう」と提案した。「小樽運河を守る会」の会合に顔を出して逃げ出した私も「これならおもしろい！」と手を挙げた。北樽路でオリジナル団扇を作成し、参加することを決めた。

四国から団扇の骨にあたるプラスチックを仕入れ、オリジナルデザインの絵柄を印刷し、型抜きした紙をスプレー糊で貼り合わせ、華道で使うフローラテープで輪郭を整えた。シロウトの手づくりなので当然ゆがむ。そこを逆手に取り「ゆがんだ団扇でゆがんだ風をどうぞ」とうたった。こうして私たち「北樽路」スタッフも第一回ポートフェスティバルに出店の一つとして参加した。

祭りが終わって程なく、私は現場で最も印象に残った山さんを『北樽路』で取り上げようと、彼が経営していた「メリーゴーランド」へ取材におもむいた。手宮にあった下町風情漂う古民家を自前で改築した店だった。

「なぜ運河？」と聞くと、山さんはこう答えた。

「ゴダールって映画監督知っとるか。彼は時代に機能していない風景や言葉を、さまざまなシーンに使っとんのや。僕にとって運河をはじめとして小樽全体が、そんなシーンの吹きだまりに見えたんや。機能しないということはホッとする景色やな。ここでしか人は心を開かんもんや。ってことは、小樽は心を開ける街なんや。埠頭で港湾荷役している隙間や、埠頭の突端で釣り糸を垂らす風景なんて普通ありへえんやろ。だいたい港湾といえば政治も経済も深く関わっとるもんや。政治と経済の隙間を文化（釣り人）が堂々と歩いていくんや。カッコエエやないか」

斜陽と言われて久しく、小樽の誰もが萎縮していた時代に、「そこがええとこや」と言われても当時はよく理解できなかったし、「政治や経済を尻目に文化が堂々と」などといった表現には驚かされた。それでも私は、東京の高層ビルより小樽の倉庫のワビサビた風景に魅力を感じていたので、山さんの答えを「よくわからないけどすっげおもしろい」と思った。今にして思えば、私の潜在的な思いをグローバルな視点から詩的に解説してくれたともいえる。

この後、山さんに触発されてゴダールの映画をいくつか見たが、私には全然理解できなかった。台詞のひとつひとつに蘊蓄（うんちく）はあるとは思う。しかし蘊蓄が重すぎて言葉を味わっているとストーリーを追えず、ストーリーを追っていると蘊蓄が咀嚼（そしゃく）できない。忍耐で見続けても結局何を言いたいのかがわからず終い。逆にこれを解読する山さんはすごいと思った。

以来、私は毎日のように「山さん詣（もうで）」を続けた。北樽路メンバーからは「石井の心はもうここにはない」といわれるほどだった。家族や仕事仲間といるより、山さんと一緒にいる時間の方が多くなった。自分がこれから進もうとしている道の先々が照らされるような、明るい希望がそこにはあった。

人に対して先入観を持つことの少ない私に、山さんの独特な関西弁は、乾いたスポンジが水分を吸い込むように染み込んだ。奥様の信子さんは、小さな子どもを抱えながら、いつも快く挽きたての珈琲を煎れてくれた。その趣はむしろ貧乏所帯といってもいい。しかし下町の実践哲学者の風景はいつも明るく希望が宿っていた。

## 依存するな！　自立しろ！

昭和五三年の第一回ポートフェスティバル終了後、静屋通りを歩いていると、店前のベンチで休んでいた興次郎に声をかけられ、「あなたも小樽の人なら一緒にまつりの実行委員を」と誘われた。勢いで「ハイ」と返事をしてしまい、以後「叫児楼」にも足を運ぶようになる。「叫児楼」の「牡蠣ときのこのスパゲティ」が好きで、その大盛りをよく食べに行ったが、あの独特の常連コミュニティにはなかなかとけ込めなかった記憶がある。

当時の静屋通りはジーンズ姿の若者たちで溢れていた。どの店もベンチを店前に置き、常連がそこで話している風景が当たり前だった。私のような新参者が店へ入ると、カウンターに居並ぶ常連たちが一斉にこちらを向き、視線が集まってしまう。常連にとっては「おっ、また仲間が来たぞ」という歓迎の視線だったのだが、この雰囲気が私を如何ともし難い気分にさせた。既存の組織に対して、アウェイ感を持つ自分がいたのだと思う。

ときどきカウンターで客と話をしているマスターの興次郎を見た。「ウーン」と少しためてから出る言葉は竹を割ったように明快だった。孤独の中で「お前はどうなんだ」と何度も繰り返した葛藤があったことをうかがわせる。後年「運動は消費だ」と断言する興次郎がいた。「だから疲れるのは当たり前だ」ともいった。ものを食べたり使ったりする私的な作業を消費というならば、公を思い活動する運動もまた日常茶飯事に過ぎないという覚悟がそこにはあった。

第一回目のポートフェスティバルの印刷物は、佐々木恒治さんが経営するメリーズ・フィッシュ・マーケットでシルク印刷されたが、二回目以降は私の母が経営する「石井印刷で」と興次郎にいわれた。仁義を通すつもりで恒治さんを訪問した。これをきっかけに今度は「恒治さん詣」が始まった。ただしこの年、私は札幌の「ほるぷ」という図書の販売会社に勤務しており、石井印刷に入社するのは翌五四年五月である。

さて、この頃の私は、ポート創設メンバーのほとんどを知らず、山さんと恒治さんが同窓であることさえ知らない駆け出しであったから、私はちぐはぐでボンクラに見えただろう。

恒治さんの話は、私の興味の枠を大きく広げてくれた。

「たとえば石井にも、こう思うときがあるだろう？　それが経済的動機ということさ」

文化、哲学、経済、政治とジャンルを問わず、私に合わせてわかりやすいように解説してくれた。通訳がうまいのは、それだけ引き出しがあって、表現豊かな証拠である。既述したように、あの山さんまでがこの恒治さんの話し方に一目置いているのだから、私如きは簡単にそして快く虜(とりこ)にされた。恒治さんは京都生まれで京都の立命館大学の出身だから、生粋の京都弁であるはずなのだが、ただの一度も恒治さんから京都弁を聞いた記憶がない。私に合わせてくれたのだろう。ここまで相手の立場に置こうとする謙虚さもすごい。

メリーズにたむろしていると、ときどき友人らしき東京の電通本社の副社長なる人物から電話が鳴り、メモをとる恒治さんがいた。そして決まって翌日、恒治さんは私に電話をくれ、ワープロで清書するＡ４判一枚千円のアルバイトをくれた。当時の私は普及したてのワープロを所有し、入力と編集ができたからである。恒治さんの字は正直言ってうまいとはいえず、解読に慣れた私しか読めないのではないかと思うような手書き原稿を何度も入力する体験をした。内容は電通に依頼された様々な企画書であった。驚くのは世界の電通の副社長直々の依頼が度々舞い降りてくることだ。恒治さんの頭の中はいったいどうなっているのか見当もつかない。

あれから四十年が過ぎ、現在の私のパソコンには、私自身が立案した何百という企画書が保存されている。それらは数十億の売上げに化け一億近い借金返済に大きく貢献した。企画の視点・企画の立て方・企画書の書き方などを、ワープロ打ちを通して盗むように吸収させていただいたことを白状しておく。

この頃、恒治さんは小樽のタウン誌『月刊おたる』に詩を寄稿していた。恥ずかしながら、私には全く理解できなかった。まさかここにもゴダール？　――との恐れが頭をもたげたことが思い出される。

山さんの言葉はマジックを帯びていた。もちろん私は快く虜にされた。一方恒治さんの話は、聞く側の立場に立った論理的なもの。どちらがわかりやすいかといえば、間違いなく恒治さんだ。しかしどちらにリアリティがあるかといえば、間違いなく山さんだ。人間は論理だけの生きものではないことを実践で山さんは証明してくれた。とはいえ恒治さんに感性がないということではない。感性をも論理的に説明できるほどの引き出しを持っているのだ。「論理は論理で悟り、感性は感性で響け」が山さん、「いずれも論理で説明できる」が恒治さん。不思議な両人である。

私にとっての運河保存運動とは「いかに山さんのシナリオで踊るか」だったといっていい。私は金魚の糞のように、いつも山さんの後に控えていた。

タブー視されていた運河保存運動がポートフェスティバルによって一気に市民権を得た。以降の十年間にわたる戦いの中で保存派は幾度となく苦境に立たされたが、山さんはいつも新たなシナリオを示し、「いけるかも」と私たちを奮い立たせてくれた。どうしてそんな発想が湧くのか不思議でたまらなかった。山さんには何度も叱られ、教えられたが、次のような台詞は忘れられない。

「行政に依存するな！　自立した市民なんや！」

「田舎が都市を驚かすんや！」

「都市を超える田舎はセンスを磨かにゃ！」

「評論を鵜呑みにせずお前の意見を持て！」

「言っとることがわからなけりゃ聞きに来たらええ！」

「お前は経済界を説け。キーワードは観光や！」

「社会なんて明治時代からなんにも進化しとらんのや！」


山さんはシナリオライターであるばかりか、先頭を切って現場に向かう武闘派でもあった。その後に控えていた私は、何度もヒヤヒヤする場面に出くわした。青年会議所との討論で「それでも若者なんか！」と机をひっくり返し、市長室での談判で「なぜ約束を守らんのや！」と市長の机を蹴飛ばした。権威や組織を恐れず、涙が出るほど純粋な武闘に、何度命を賭けてもいいと思ったかしれない。

奇しくも私は、恒治さんから生きる考え方を、山さんから生きる知恵や勇気を与えてもらったといっても過言ではない。

## 『水取り山』の寓話

昭和五三年八月、「叫児楼」主催による恒例の蘭島キャンプには、四十人くらいのポートの仲間が勢揃いし、あたかもポート実行委員会のキャンプのようであった。誰もがポート体験にプラス・マイナス両方の感想を抱いていた。

マイナス面では、

「組織の呈をなしていない」

「セクト意識が強い」

「出店管理が甘い」

プラス面では、

「俺達が社会を動かした」

「こんな現象は全国でも珍しい」

「こんな興奮は今までの人生にはなかった」など多岐にわたった。

それぞれの感想に対して「だからこうしては」「それならこうしよう」という改善案も多く提起された。

得たプラスに比べると生じたマイナスはどってことない――。そんな気持ちを四十人が共有した。そして極めつけは石塚さんの持ち出した「水取り山」の実話だった。

一九六五年に伊豆大島の一番大きな街の元町で大火災が起こり、街は壊滅的状態となった。政府は災害救助法を適用し、災害後の応急的な生活支援策を提示しようとしたとき、島民が集まって話し合った結果は「自らの力で三原山の砂漠地帯に『水取り山』(＝溜め池)を建設する」ことだった。

自らの力で「水取り山」をつくる。それは自らの地域を自らの手でつくり上げる哲学であっただろうし、そもそも「水取り山」という場がもつ根源的な力を再発見することであっただろう。他人の手による「復興」ではなく、島民の手による「まちづくり」だったのだ。そこにあるのは、機械の力より人の力であり、知識よりも知恵をつかい、速度よりも持続力であり、理性よりも情熱や思いだった。つまり、島民が「水取り山」に求めたものは実は島民がまとまるためのシンボル性だった。政府や災害の専門家達は、伊豆大島の島民がそんな溜め池づくりを求めるなんて想像もしてなかった。政府の支援メニューにたかるのではなく、みなが今こそまとまることを優先した島民の凄さがそこにある。

では、小樽の人にとっての「水取り山」ってなんなんだろうか。小樽運河こそが小樽市民の「水取り山」ではないか。それをポートフェスティバル自らが、明らかにしたのではないか。

機能面で時代遅れの港湾設備から近代的道路になるより、これからの小樽のまちづくりをしていく僕らの依って立つ根っこが、小樽の「水取り山」＝「小樽運河」なんじゃないのか。（藪半ホームページ　もうひとりの蕎麦屋親父の独り言より）

石塚さんは、みんなにこのような話をした。

誰も異を唱えない。むしろ、話が進むにつれて新たな自己が湧き出し、「そうだ！」「それだ！」という爽快感に変わった。

山さんと格さんも〝我が意を得たり〟と得心した。

ポートフェスティバルとは市民一人ひとりの人生観を「再生運河」に向けて投影する意識そのものだった。便利ならどこに暮らしてもいい「住民」ではなく、小樽でなければならない「市民」の誕生だった。そんな市民たちが生きる場所を広めるためにもやり続ける――、これが石塚さんの話を受けて感じた山さんと格さんの総括だった。

格さんのいう「依って立つ根っこ」を「運河」で心と心をつないだ。いや「運河」をシンボルとした覚醒が心と心をつないだ。

保守や革新、自民党や社会党といった既存の政治でもなく、数値や量による判断でもなく、「生きようとするに足る潜在意識を地域に投影」できた。社会背景や傍から見た運河ではなく、自分たちの自己覚醒の契機を運河の現場で得たということだ。

そして「そういう覚醒をもっと多くの人々とも共有したい。そのためにも俺たちのイメージする新生運河をどんどん発信していこう」で一致し、結論としてポートの継続が約束された。

山さんが戦略と企画を担当し、興次郎が若者達を牽引し、格さんが本質と現実を通訳しあらゆる接着剤になる。目指すは「水取り山」。この方向性は山口保の「保」と小川原格の「格」をとって「保格ライン」といわれた。

## 藪半議論

昭和五三年秋、ポート実行委員会の主だった約二十人が、静屋通りの蕎麦屋「藪半」の二階座敷に集った。祝津ニシン漁の親方御三家のひとり白鳥（しらとり）家の別邸として明治四二年に建てられたこの建物の二階は、ボールを置けば転がるほどの傾きがあるものの、掛け軸や違い棚などの古式が独特な風情を醸していた。そこに酒はなく、蕎麦茶と煙草の煙のムンムンとした空気の中で、「街とは」「若さとは」「運河とは」「人生とは」といった議論が交わされた。

この藪半議論での結論は、前回の「水取り山」で確認した「保格ライン」を基盤に「ポートをはじめとした運河保存再生の運営母体を自分たちで立ち上げよう」とする「夢の街づくり実行委員会」の設立だった。会長に興次郎、副会長に格さんが就任し、「夢街（ゆめまち）」と称した。夢街は資金稼ぎのために小樽駅前にあった小樽国際ホテル二階ロビーにてオリジナルグッズを販売する「夢街バザール」を数年にわたり開催した。

昭和53年11月　小樽国際ホテル2階広場での夢街バザール

十二月には「まちづくり」の概念を発信するタウン誌

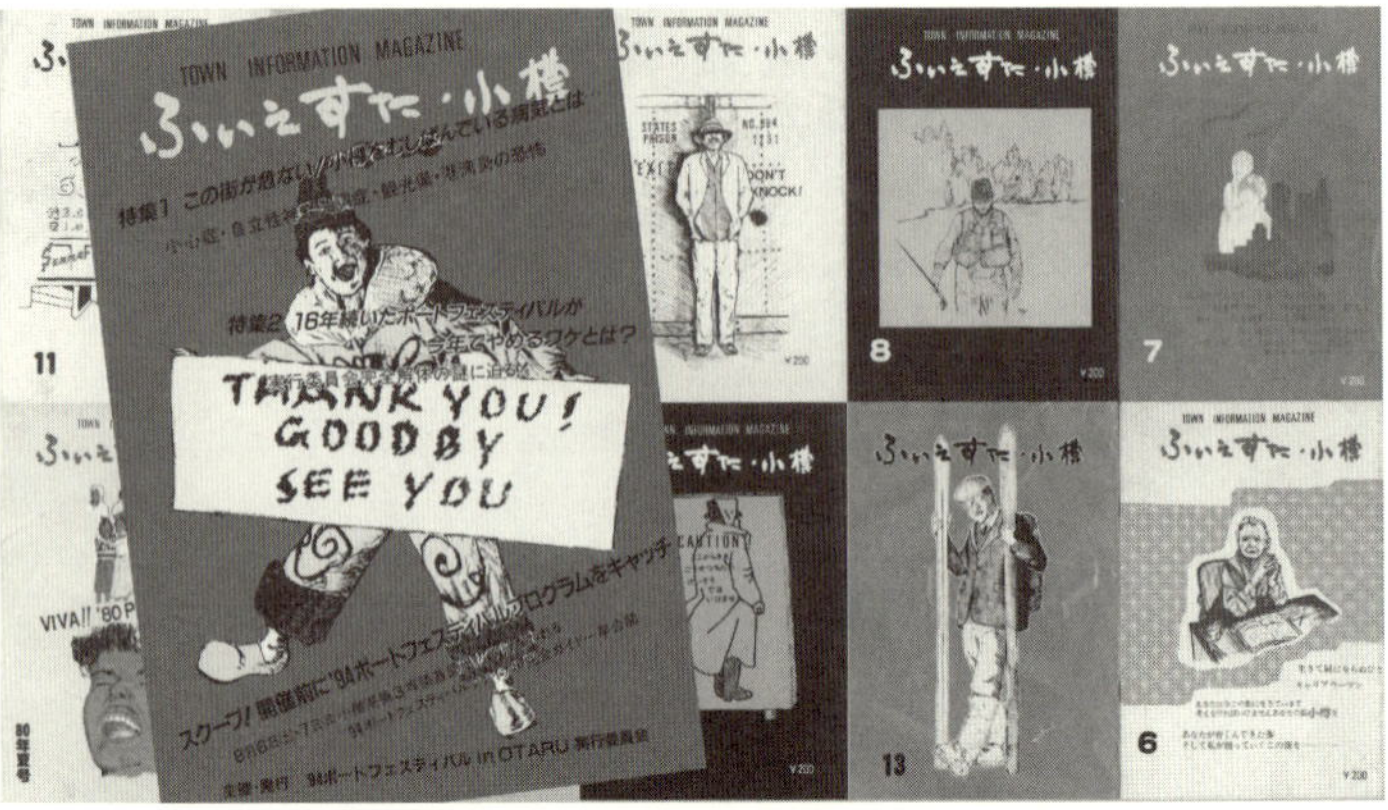


昭和 53 年創刊『ふぃえすた小樽』バックナンバー

『ふぃえすた小樽』が発刊された。編集長にはNTT職員滝沢。発行責任者はヨシキ、写真をシサボン、表紙デザインをDAXが担当した。DAX経営の「マッチBOX」や行き慣れたパブが編集会議の場となった。

印刷にデジタルが浸透する以前の時代で、『ふぃえすた小樽』は経費を抑えるため版下制作をスタッフ自身が行った。手書き原稿を写植屋に入稿し、写植印画紙を受け取り、それを割付台紙に切り貼りする作業をコツコツ毎晩のように行った。切り貼りした文字が揃わないことや、曲がることもしばしばあったが、むしろそれも味となっていた。「ふぃえすた」とはラテン語で「祭り」を意味し、このタウン誌は夢街が隔月発行し、一部二百円で市販された。

「小樽八十円紀行」という特集は当時バス料金が八十円であったことから生まれたコンテンツで、バスでさまざまな地区を訪ね、地区の歴史や情緒を記事にした。「サークル紹介」では当時の若者たちの様々な活動を紹介し、「小樽銭湯めぐり」では銭湯には小さなコミュニティが存在することを報告した。そして誰もが愛してやまないポートのことを紹介した。

運河論争で小樽市議会が強行採決の暴挙に出た昭和五四年十一月以後を我々は「第二幕」と呼んでいる。これを機に『ふぃえすた小樽』のスタッフも一新された。編集長には平田真結美(ひらたまゆみ)、編集スタッフに今井諏訪子（いまいすわこ）、オオタボン（大田善之）、そして私も加わり、私が当時住んでいた「すずらん荘」という八畳一間のアパートが編集室となった。

## お前が宣伝部長だ

「夢街」藪半会議に私は興次郎に誘われて参加した。幕末の激動期に生まれたかったと思っていた自分にとって、そこはまさに私がイメージしていた幕末の時代絵巻であった。口角沫（こうかくあわ）を飛ばす議論に私のような新米のノンポリが参加できるはずもなかったが。

議論のリーダーは山さんであり、格さんがそれを解説し、興次郎が決意を語り、べべやＤＡＸが映画や時代小説のワンシーンに重ね合わせて納得する。調子に乗りすぎるとキッコ（北田聡子）が「こら！」と戒める。自然発生的キャスティングとしては見事というしかない。

議論は第二回ポート役員の人選に移り、実行委員長が格さんと決まったところで、興次郎から「石井、お前は来年のポートの宣伝部長だ！　印刷屋の息子なんだからそれくらいできるだろ」と指名された。

一言も議論に参加できなかった私が印刷屋の息子というだけで、ウンもスンもなく部長のポストを任されたのだ。驚き慌てたが、明治新政府の始まりもこんな感じではなかったか、と思い返した。そして「なんとかなる」と腹をくくった。

ポートフェスティバルには様々な媒体があった。ポスター、チラシ、看板などの媒体には広告が欠かせない。ポート実行委員会の中でネクタイをしめて働く数少ない一人であった私は宣伝媒体に設けられた広告スペースを埋めるため、地元財界を回って協賛広告を集める任務も背負った。

そもそも私には「議論」の経験などなく、ポート実行委員会の中で突っ込まれたら何も言い返せない。「幕末志士たちの奔走」という表現が大好きであったが、「説くに足る根拠」すら持ち合わせていなかった。「なぜ小樽?」「なぜ運河?」「なぜポート?」と本質を突っ込まれたらお手上げなのだ。

しかし私、この馬鹿者は、ポートに興奮し、いてもたってもいられず、知り合いをつかまえては、その興奮を伝えまくった。まるで幕末の志士気取りである。無鉄砲というか幼いというか、思い出せば冷や汗の出る若気の至りである。しかし、物知り顔で講釈を垂れるよりも無鉄砲にわめく方が、実は人の心に近づけるとも思った。事実その頃、私につきまとわれた人々は今もその当時の驚きを語ってくれるし、応援もしてくれている。

会社の関係、両親の知り合い、友人知人、私と袖をすり合わせた不幸者に運河の保存と広告集めを訴えて、小樽をくまなく回った。幸い商売人の家に生まれた私は、小さな頃から親に連れられ、いろいろな会社の社長と面識があった。「ああ君か」と構えずに会ってくれ、結果的に「しかたないな」と拠出していただいた。札幌のような規模になればそうはいかない。人物評価の前に「どういうことか」

を確認し、「我が社のプラスになるか」を計らねばならない。そんな当然さを差し置いて「しかたない」で協力してくれたのだから感謝のしようのない大きな借りだ。

こんな言葉をいただいた。サンモール一番街の老舗「新海金物店」にお願いに行ったとき、新海社長（故人）から「小樽をおもしろくしてくれるのは、あんたたちだから喜んで出すよ」。心の震えを今でも忘れない。

# 第4章 運動のダイナミズム

## 考える会・愛する会

昭和五三年六月十七日、北海道の著名な学者・文化人が「小樽運河問題を考える会」を結成した。小樽市へ運河保存を訴える要望書を提出し『小樽運河問題を考える会ニュース』を発行。九月には「小樽運河問題を考える旭川の会」が発足し、十月東京に「小樽運河を愛する会」が発足。同月「守る会」「考える会」「愛する会」の三団体は共同で文化庁・環境庁・建設省に運河保存を陳情する。

ポートフェスティバルが開催された昭和五三年は、「守る会」会長峯山さんの八面六臂の活躍によって全国に小樽運河保存運動が波及していく年であった。

「小樽運河問題を考える会」発起人

田上義也（建築家・北海道国際文化協会会長・札幌市）
更科源蔵（詩人・北海道文学館理事長・札幌市）
九島勝太郎（北海道文化財保護委員・札幌市）
高倉新一郎（北海学園大学学長・札幌市）
原田康子（作家・札幌市）
三浦綾子（作家・旭川市）
松尾正路（前小樽商大教授・札幌市）
河邨文一郎（詩人・札幌医大病院長・札幌市）
沢田誠一（作家・北方文芸代表・札幌市）
小柳　透（詩人・札幌市）
水口幾代（歌人・札幌市）
神谷忠孝（北大助教授・日本文学・札幌市）
佐野法幸（北海道労働金庫理事長・札幌市）
岡田義雄（前道議会副議長・札幌市）
川村　琢（北海学園大教授・経済学・札幌市）
浪花　剛（なにわ書房社長・札幌市）
入江好之（詩人・北書房社長・札幌市）

国府谷盛明（日本科学者会議会員・地質学・札幌市）
石田輝夫（日本科学者会議会員・水産増殖学・札幌市）
矢島　武（札幌商大教授・経済学・札幌市）
菱川善夫（北海学園大学教授・日本文学・札幌市）
国松　登（画家・札幌市）
伊藤　仁（画家・札幌市）
本田明二（彫刻家・札幌市）
横道英雄（北大名誉教授・工学・札幌市）
神山桂一（北大教授・衛生工学・札幌市）
高野斗志美（旭川大教授・文芸評論家・旭川市）
木内　綾（民芸織物家・旭川市）
米坂ヒデノリ（釧路女子短大教授・彫刻家・釧路市）
鳥居省三（釧路図書館長・釧路市）
佐々木逸郎（劇作家・札幌市）
林　白言（北見文化連名会長・北見市）
山川　力（北海道新聞社顧問・札幌市）
十亀昭雄（北海道教育大教授・教育学・札幌市）
新妻　博（詩人・北海道詩人協会会長・札幌市）

鵜川章子　（詩人・亀田郡大野町）
長見義三　（作家・千歳市文化財専門委員・千歳市）
国松明日香　（画家・札幌市）
本間慶蔵　（コンチネンタル貿易社長・札幌市）
須見容子　（文芸評論家・札幌市）
山内栄治　（北海道労働文化協会理事長・札幌市）
小笠原克　（藤女子大学教授・日本文学・札幌市）

「小樽運河を愛する会」役員

顧問　石川忠臣　（朝日新聞社記者）
顧問　稲垣栄三　（東京大学教授）
顧問　緒方昭義　（横浜国立大学講師）
顧問　村松貞次郎　（東京大学教授）
会長　夏堀正元　（作家）
副会長　田村清美　（会社役員）
副会長　風間　龍　（関東学院大学教授）
理事　井手孫六　（作家）
理事　大木英子　（作曲家）

理事　大原一成　（建築家）
理事　おおば比呂司　（文筆業）
理事　片桐裕明　（建築家）
理事　金丸直衛　（画家）
理事　工藤父母道　（日本自然保護協会）
会計監査　岩田秀行　（会社相談役）
事務局長　菅井　茂　（建築家）

（『小樽運河保存の運動』より）

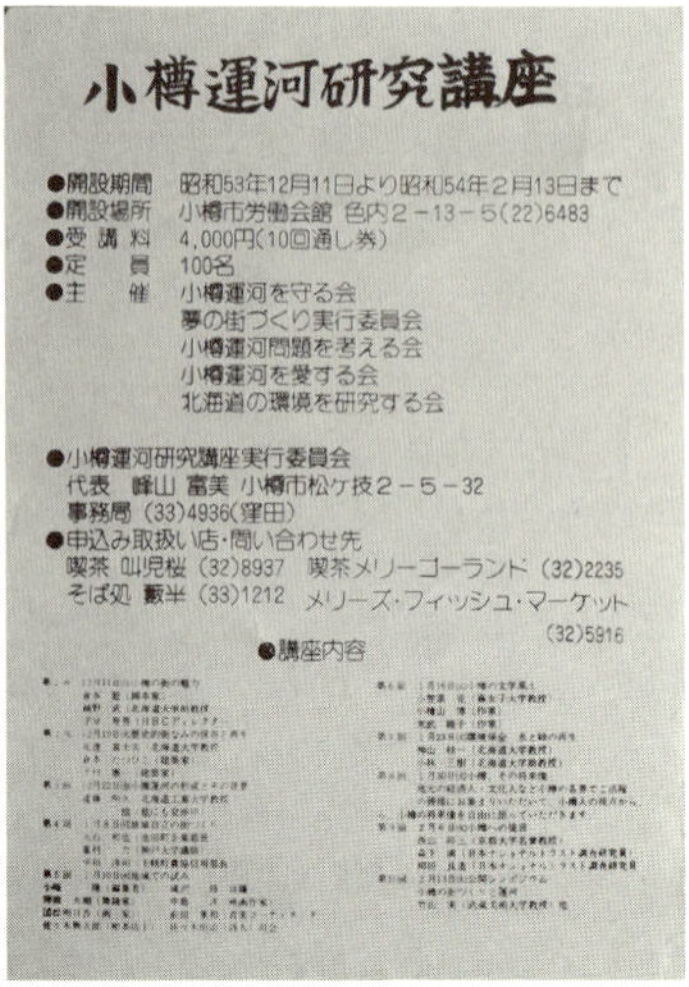

昭和53年　第1回運河研究講座ポスター

昭和五三年十二月十一日から翌年二月まで「小樽運河研究講座」を「小樽運河を守る会」「小樽夢の街づくり実行委員会」「小樽運河を考える会」「小樽運河を愛する会」「北海道の環境を考える会」の五団体共催で行った。

「守る会」の峯山会長は「学びながら運動する」ことを提唱していた。峯山さんは、故郷の真狩から小樽に転居したときに見た大正末期の運河のにぎわいを原風景とし、それを守りたいという個人的な気持ちから運動に参加した。しかし運動を続ける中、多くの賛同を集めるためには、たくさんの人々の幸せに結び付く運動でなくてはならないと考えるようになり、経済や文化、特に歴史や建築、都市計画など学びの必要性を感じたという。後に東京大学大学院工学部都市工学科教授となる西村幸夫氏は「小樽の運河保存運動は次々に書き下ろされていく教科書」と評したが、「守る会」もポートフェスティバルも夢街もみな過去に手本のない運動で、どこよりも「学び」を必要とした。「学び」がなければ新しさを紡げない。泳ぎ続けなければ死んでしまうマグロのように。新しいコトにはそういう宿命があるのだと思う。この「小樽運河研究講座」は、五団体が運動を戦略的に展開するために必要と思われる内容を想定して、それに対応する専門家の話を聞く学びの場だった。

## 「まちづくり」の言葉を使うな

小樽運河をめぐる議論の中で、誰彼ともなく「まちづくり」という言葉を使い、やがて情熱をかきたてる言葉となっていった。格さんは『ジュリスト』（有斐閣）の住民運動特集号で「まちづくり」なる言葉を見つけ「目が釘付けとなり、唸った」と告白している。同様の言葉に「まちおこし」があるが、小樽ではこれまで一貫して「まちづくり」を使ってきた。「つくって」見本を示してはじめて「おきる」人々が生まれる。「おこし」よりも「づくり」が先なのだが、それは大した問題ではない。

昭和五四年四月に小樽で行われた統一地方選挙で格さんは革新陣営に対し、

『まちづくり』という言葉は、夢街が使っている言葉だから、選挙目当てに使うのは控えて欲しい」とねじ込んだ。驚いたことに受け入れられ、暫く使用されなかった。さらに保守系市長候補の選対事務所にも行き、同様に要請した。

「小樽の経済人が選対事務所に詰めていて、ニヤニヤ笑いながら迎えてくれた」と格さんは振り返る。選対幹部の中では大野友暢（おおのとものぶ）氏がただ一人、

「宣伝物や選挙カーには使用していないが、そもそも『まちづくり』という言葉は君たちがつくった言葉なのか？」と鋭く問うてきたという。大野氏は「小樽作業衣」の社長で昭和五一年から小樽商工会議所副会頭であった。

「はい。小樽では夢街が独自の概念で発信している言葉です。政党会派全部が使うなら歓迎だが、特定政党だけが使うのは遠慮していただきたいと、若さで無理を通した」と格さんは述懐する。

格さんの勇猛果敢さには驚く。格さんの申し入れは、ポートの若者部隊が選挙に奔走する大人社会に対する面通しでもあった。そして大野氏は、昭和五八年八月に小樽商工会議所首脳陣が「運河埋立て見直し」に傾いた時の首謀者の一人となるのである。

峯山さんの活躍やポートフェスティバルの成功にも後押しされ、小樽運河問題は全国的にマスコミに取り上げられるようになった。地方の若造がこれまでの方程式とは全く違う次元で、公共事業のありようを問題としていることが全国的な興味をひいたといえる。

昭和五四年春、ある出版社から、ポートを取材したいという申し込みがきた。取材者は著名なジャーナリストばばこういち氏（二〇一〇年七十七歳で逝去）であるという。宣伝部長であった私が何も知

らずに応接役となった。今はなき小樽国際ホテルの二階で待ち合わせた。白髪で痩せ形、物静かなばば氏は当時四十代。

ばば氏の「なぜに」という質問に二十二歳の私は詰まってしまった。全国に鳴り響いたポートフェスティバルの宣伝部長たる者が「なぜ」を心得ていないことを鋭く追及された。悔しくて情けなくて泣きそうになったことを覚えている。私は言葉をつまらせ、がっかりしたばば氏の後ろ姿を見送るしかなかった。ばば氏の取材がどの媒体で公表されたかは結局確認できなかった。いや確認するのも怖かった。

## ボタンを押せ

運動の中心にいながらこの現象を捉え切れていなかった私に、山さんは次のようにかみ砕いて説明してくれた。

「石井、これが社会のダイナミズムってやつや。ここが肝心なんや。人寄せパンダによる意図的な販促とはちがうんや。然るべき人々が、然るべき社会的組織をつくって、然るべき行動を起こしとんのや。わかるやろ、その結果、有名な学者、建築家、作家、いわゆる文化人らが名を連ねとんねん。そして国や公共機関に向かって誠意ある対応を促しとる。当然、国かて動かざるを得なくなっとるやろ。

　この弾きがねを引いたのは峯山さんや。ただのオバチャンとちゃうで。情熱で日本中に訴えてきた反響なんや。だから僕らがやったポートも評価されるし、逆にポートが峯山さんの情熱行脚を支えていることにもなるんや。

　それはボタンの押しどころの問題やと僕は思っとる。守る会が市長相手になんぼゆーたかて相手にされへん。だから峯山さんは全国に訴えた。外的戦略に切り替えたんや。地元のボタンではなく全国のボタンを押したことになるんや。せやからこんな大きな波紋になっとんねん。逆に小樽市民も驚いとる。全国で騒がれとる我が街の運河って、そんなに大事なものかってな。今度は小樽市民がただの汚い運河を見直さなければという、遠隔操作的な働きを持ってきたんや。というより街の公共物をどうするかは全国共通の課題でもあるんやけどな。

　僕らのポートかていっしょやで。署名や陳情で行政を相手にしていては埒（らち）があかんと思ったから、市民世論を味方につけようと考えたんや。つまり行政手続きより政治基盤となる世論を喚起してきたってこっちゃな。ええか、政治決定を遂行するのが行政でも、政治決定に持ち込むのが世論という位置づけなんや。そこで市民を味方につけるには明るい祭りがええとなって、これを実践したら市民の半分が運河に足を運んでくれたんや。

　守る会が全国の世論に、ポートが市民の世論にターゲットを定めたというこっちゃな。

　ここがかつての学生運動と違うとこや。過激を方法とする革命に走れば運動ではなくなるんや。世論に基づくから民主主義がある。ところがこの世論てやつは、あるようでなく、ないようであるんやな。世論への浸透をあきらめてしまって過激に走り、一歩間違うと暴力にさえなってまう。でも見てみぃや。峯山さんが押したボタンで全国に火がつき、僕らが押したボタンで市民に火がついたってことになるやろ。政治力、権力、金力で変えようとしたんやないで、個々人の気持ちに訴え世論が形成されたってことや。えらいこっちゃで。正直ゆーて、僕かてここまでなるなんて想像もしてへんかったし、多分、峯山さんかてハナっからそんな戦略持っていたかどうか。いずれにしても手探りの中で真摯に訴える姿勢が世論を動かした結果と思うでぇ。

言ってみりゃよぉ、社会のダイナミズムが動き出す条件にはよ、現場であがくほどの手探りの情熱と、経験や知識や洞察で、頭で描く戦略の二つがあるかもしれんな。でもよ、戦略がなくても情熱があれば、その情熱に刺激された人々の動きが、結果的に戦略になっていく場合の方が、歴史上多いのかもしれんなぁ。なんでもかんでも一人ではできんし、計画通りにはいかんもんやからなぁ。その原動力は多分、峯山さんの敬虔なクリスチャン精神から来ているのかもな。キリスト教に限らず宗教というのは神や仏を御輿に担ぐやろ。神や仏は誰のもんでもないけど、逆に誰のもんでもあるんや。だから神や仏の下にいる人間は皆フラットなんやな。このフラットな土壌に峯山さんはもがきながらも訴えてきたことになる。人間がつくった階級を気にしてたらそんなことできんよ。

僕らの仲間にも戦略を考えられる奴おるんでぇ。わかるか。小川原や。ほんで情熱を惜しげもなく発信できるのが興次郎や。

そこでや、峯山さんが巻き起こしてくれた全国の波紋の広がりに対して、責任持った受け皿にならんといかんのが僕ら小樽の市民やで。なぜなら小樽が問題の現場だからや。運河は東京や大阪にあるんやなくて小樽にあるからや。もっとヨケイに味方になってくれる市民をつけることや、運河問題が秘めている大事な社会的テーマをどんどん浮き彫りにしていく学びが必要なんや。だから学びながら運動するってこと、しっかり覚えておこうや」

当時の私にとって、なんと明快で、なんとわかりやすい説明だったろう。ダイナミズムの意味、ボタンの押し方、情熱と戦略、運動の蓄積と開花、行政手続きと政治世論、そして私らが今後進むべき道まで、その諭しに込められていた。

この山さんの言葉は一言残らず私の心に染み込んだ。そして今、自分がどこにいて何をすべきかが明確になった。後はそのシナリオで自分自身が何をすべきか具体化すればいい。ポートの仲間入りをして良かったと思った。山さんと出会えて良かったと思った。街のダイナミズムに自分のダイナミズムが重なった。

## 「小樽モデル」の誕生

北海道新聞（道新）小樽支社も運河問題の動きに注目していた。昭和五四年、道新は「今後の小樽をどう考えていくか」をテーマに小樽の次代を担う若者の座談会を企画した。石塚さんと当時小樽青年会議所理事長であった芳川雅勝（よしかわまさかつ）氏などに声がかかった。座談会で石塚さんは東京の日本橋で行われていた「タウン・オリエンテーリング」、つまり地域住民が地域を探索し、建築や歴史や文化を学ぶワークショップを提案した。

すぐに小樽青年会議所が反応し、六月三日、「歩こう。見よう。小樽ふるさとへの路」と題して、青年会議所メンバーが解説しながら、運河、博物館、川又商店、北海経済新聞社、三井銀行、日本銀行、フジモリ、水天宮、陣内写真館、図書館、公会堂など五・二キロを二時間半かけて回るタウン・オリエンテーリングを開催した。市外も含めて三千名もの人々が参加した。多くの人々が小樽の街並みに関心を持っていることに、芳川理事長はじめ青年会議所メンバーはみな驚いたという。気をよくした青年会議所は十一月三日に「歩こう。見よう。小樽ふるさとへの路。パート２」を開催。今度も千二百名が参加、四・三キロを歩きながら七十七箇所を回った。

国鉄が昭和四六年から始めたキャンペーン「ディスカバージャパン」は日本の地域を再発見するものだが、小樽運河保存問題が市民を二分している時に「小樽再発見」を青年会議所が企画したことは充分なニュースであったし、それ以上に多くの市民が参加したことに驚いた。私たちはこの青年会議所の活動に拍手を送り、小樽の同じ若者としてうれしかった。結果として小樽政財界中枢にいる大人たちの際限の無いスクラップ・ビルドに対して抑止になったことでも画期的だった。

昭和四六年から四八年にかけて、道道臨港線工事の延長で有幌の倉庫群が壊され、それはいずれ運河に到達するという危機感から運河保存運動は始まってきたが、「全国街並みゼミ」「ポートフェスティバル」「運河研究講座」「歩こう。見よう。小樽ふるさとへの路」などが行われ、運河単体から小樽の歴史的な街並全体の保存再生へ意識が深まっていった。文化庁は「小樽市から要望があれば本格的に調査に助成の準備がある」といい、松村貞次郎東大教授は「小樽運河とその周辺の歴史的建造物群は神戸・長崎とともに日本近代史の三大景観の一つ」と太鼓判を押した（『小樽運河を守る会運河ニュースNo.10』昭和五三年八月二十八日）。

こうした認識の変化の中から歴史的建造物の再利用「小樽モデル」が広まっていく。歴史的建造物の再利用はこの時代であっても珍しいことではない。歴史的街並みを計画的に保護する機運は昭和四〇年代から高まっていた。木曽妻籠宿や飛騨高山、金沢、倉敷などで、地域住民と自治体が手を携えて保存に向けて成果を上げてきた。しかし、あえて「小樽モデル」とする理由は三つある。一つ目はその密度の濃さ。平成一八年、信香町から手宮までの海岸周辺に存在する観光施設は二百七十八軒を数えたが、そのうち百五十軒が歴史的建造物再利用であった。半数以上が再利用である。二つ目は投資要因。小樽では多くの観光投資が古建築の再生に向けられている。三つ目は小樽観光の牽引役としての貢献度の高さである。今や小樽の歴史的建造物再利用は基幹産業となっている観光経済を牽引するばかりか、小樽固有の文化といってもいい。建てられた目的とは変わっても、過去の遺産を継承し、過去と現在のコラボを現在進行形で未来に紡いでいる。

昭和52年開店の「海猫屋」平成24年撮影

「小樽モデル」は平成一〇年代に入ってますます加速し、その流れは今日も続いている。しかし、昭和五〇年代の半ば、古建築活用事例は、質屋の石蔵を喫茶店にした「叫児楼」、煉瓦蔵を劇場とパブにした「海猫屋」、倉庫をライブハウスにした「メリーズ・フィッシュ・マーケット」、古民家を改築した「メリーゴーランド」があるにしか過ぎないし、これが後に「小樽モデル」と言われ、小樽観光の牽引役になるとは誰も想像だにしていなかった。

第5章

# 第二回ポートフェスティバルの風景

## 小樽財界の焦燥感

道道臨港線建設を推し進めた稲垣市長（昭和四二〜五〇年）は「運河と石蔵ではメシは食い上げだ。道道臨港線こそ小樽百年の計だ」とまで言っている。この市長の下で、市民の強い保存要望にも耳を貸すことなく、全国的に知られた旧小樽新聞社屋や旧手宮駅官舎などが札幌への移築や解体の運命をたどった。「守る会」からの議論の呼びかけに対しても「都市計画変更は行政の根幹に関わる」という志村市長の立場論が障壁となって、理性的な話し合いができないまま運河論争は経過していった。

そもそも「運河論争」とはマスコミが用いた言葉で、保存派・埋立派が同じテーブルで議論したのは、始まりと後始末の時だけである。渦中で両派が「論争」したことはない。「運河論争」より「運河問題」

といった方が正しい。「保存派はこういう行動に出た」「埋立派はこういう行政手続きに出た」とそれぞれの記事が新聞に掲載されたから、紙上での論争にはなったが。

昭和五〇年代の小樽には事実、焦燥感があった。高度経済成長に乗り遅れ、焦燥にかられた小樽市の行政や財界のリーダーは、道路建設という公共事業誘致に目がくらみ、地域の貴重な財産に気がつかない。

終戦の昭和二〇年を境にして小樽の繁栄を支えていた経済環境は雲散した。戦時中の統制経済により政治（軍事）が経済を統制し、金属類の強制的供出、銀行の一県一行政策、あるいは企業の統合政策により、経済の街小樽に大きな制限が加えられた。鰊漁で幕末から知られた漁港であったが、大正後期から鰊の回遊が不安定になり、昭和三〇年以後鰊はまったく姿を見せなくなり、逆に中国からの安い大豆粕が輸入され、鰊の肥料価値も低下した。昭和三〇〜四〇年代にはエネルギーの主役が石炭から石油に代わり、石炭積出港としての役割も失った。戦前の小樽は樺太と強く結び付いた貿易港だったが、敗戦によって南樺太はソ連に割譲され、小樽の経済地図は大きく縮小した。高度経済成長期には全国で港湾はもとより道路や飛行場の整備が進み、北海道の玄関口である小樽港の運用率も低下していく。ただ、繁栄した時代の遺産で都市基盤が整備されていたことから、昭和三九年まで人口は増加し、ピーク人口の二十万七千人に至っている。しかし、昭和四〇年代に入ってから人口は流出する一方で、マスコミは小樽を「斜陽」と言い放った。

こういう小樽を尻目に全国で高度経済成長が進むのだが、茫然自失状態の小樽はこれに与することができずにいた。小樽の政財界は、北海道と沖縄に優遇されていた公共事業を誘致する戦術にすがるしか残されていなかった。そこに道道臨港線建設事業が浮上し、千載一遇のチャンスという認識が根を張った。そうした認識を持った人々からみると運河保存運動などは、「どこの馬の骨とも知らぬ輩が何を騒いでいるんだ」としか映らない。

「俺達は小樽の未来を考えて行動しているんだ。経済の現実もわからずにゴチャゴチャ言うな」と思うのも当然である。さらに輪を掛けて「そんなに運河を守りたかったら、お前ら自身が金を投じてみろ！」と憤慨する人もいた。

簡単にいうなら「運河論争」とは過去を後追いする人々と新たな時代を創ろうとする人々との対立といえる。仮に円卓テーブルが用意されたにせよ、この対立は埋まったかどうか。立場と展望がまったく違うのだ。いずれにせよ、後追い陣営は既成事実の構築に躍起になり、時代を創ろうとする陣営はさまざまな取り組みで懸命に新風を吹かせようとした。

## 二代目実行委員長

第二回目ポートフェスティバルの実行委員長には格さんが推された。小樽を代表する老舗「藪半」の跡取り息子で生粋の小樽人。格さんは小樽の保守層に属する父を持ち、現に小樽で商売をしている自分に白羽の矢が立つことは覚悟していた。格さん自身がポートを小樽変革の核心にするためには、若者と地域社会のパイプとなる裏方が大事だと考えていた。ベベやＤＡＸをはじめとした創設スタッフには、格さんの何事にも動じない態度を実に頼もしく映った。格さんの実行委員長は誰も異存のない人選だった。

格さんは学生運動の経験から、学生時代に自ら戦闘の中心にいて、運動のダイナミズムを経験し「ポート路線の市民運動はいつか爆発する」と確信していたという。

一方、当時、財界人といわれた小樽の経営トップ層には「運動」と言っても意味を理解する人は少なかった。経営は費用対効果が価値尺度であり、しかも小樽は一般消費者と対面する小売業ではなく、卸売業で発展した港町である。消費者の機微を商売に反映させるプロセスに疎いのだ。この疎さに切り込んでこそ運動である。そして格さんはじめ、ほんの数人は、この大衆運動をゼロから組織していく遠大な計画の中に新たな経済の出現を確信していた。この先見の明に誰もかなわない。格さんは時代を多角的に見て地域の変革のありようを企画し、浸透を図ろうとした。まさに旧から新へのプロデューサーだった。

格さんの説得もまた私にとっては渇いたスポンジだった。

「石井なぁ、こういう構造の街のなかでだ、それなりに保身をするには、ああいった形でアピールするのが自然だろ。日々の地道な作業は繰り返しているように見えるかもしれないけど、その普通が変革への説得に一番効くんだわな」

しかし、その陰には格さんなりの苦労があったことは当時誰も知らなかった。以下の裏話は四〇年過ぎて初めて聞いたことである。

実行委員長になった格さんにとって、実行委員会での相談相手はいつも山さんだった。昭和五三年に格さんが初めて山さんを見たときの「おかっぱ頭にツナギ姿で会場設営をし、自分と同じような匂いを放ち目がギラつくように輝いていた若者」という第一印象からすで一年過ぎていた。広い視野を持ち本質を見極めることのできる両人だ。二人の間で幾度も議論があったであろうことは私にも充分に想像できる。

第一回目ポートの準備として山さんが仁義を切ったテキ屋の両國秋川親分のところに今度は格さんも同行した。さすがに山さんは昨年を反省し一升瓶六本を携えていた。

格さんと山さんの腹は「あくまでも市民手づくりの祭りだから親分には遠慮願う」ことだったが、秋川親分は「ポートは大きな祭りとなったのだから、出るのは当たり前だ」と言い出した。

この当時任侠界では、三代目田岡一雄率いる山口組が全国制覇を進めており、ヤクザ同士の抗争に一般市民が巻き込まれる事件が多発していた。十四年後の平成三年に暴対法（暴力団員による不当な行為の防止等に関する法律）が制定され、取締は強化されるが、この時期はまだその助走段階で、市民のフリーマーケット的なイベントと昔ながらの祭りに境目はなく、プロの露天商も人が集まるとなれば店を出した。

小樽を仕切っていた秋川親分は「小樽であんな派手な祭りがあるのに、それに絡んでなければ他のテキ屋へ面子が立たない」と言って引かない。ただし、秋川親分は「我々はヤクザではない」とも言った。

もちろん格さんのことである。警察のマルボウとも交渉していた。マルボウはテキヤ排除の実績を求めていたことから、積極的な関与の姿勢を示す。とはいえ、交渉段階からマルボウに丸投げするのも格さんの面子に関わる。そこで格さんのオトシドコロは「出店エリアの角にのみテキ屋の出店を認める。ただしいかにもテキ屋らしいスタイルは遠慮願う」ということだった。

しかし、どこかの若い衆たちがこぞって藪半に押しかけ、客へのガントバシやイヤガラセに来る日々が続いた。格さんも我慢できなくなり、秋川親分の所へ行き、返答を求めた。親分は「そんなことをしている若い衆に心当たりはない」と言ったものの、ポートの初回に山さんを相手にしなかった経緯を踏まえ、格さんのオトシドコロに乗ってくれることになった。格さんはそんな秋川親分への義理を通して、その後数年ポートの時期になると秋川親分に生蕎麦を届けた。格さんが仁義を通したこと、被害に遭ってもマルボウに丸投げしなかったこと、そして改めてトップ会談をしたこと、さらにはアフターフォローまで筋道が通っていることに驚くばかりである。

## ポートの〝衣〟

運河問題を語ることがタブーであった小樽で、ポートに嫌悪感を抱いた人も数多くいた。「守る会の隠れ蓑」「アカの一派」などという陰口もかなり出回った。そこで格さんは「まずポートを拡大し浸透させ市民を味方にする」ため祭に〝衣〟を着せることを実行委員に提案する。

「運河を保存再生させることが目標であって、カナル（運河）という具体の上にポート（港）という誰も異存を持たない衣装をまとう。そうすることで、つまりポートは市民の目に見える選択のチャンネルを提供する中立の装置になる。本来こんなイベントは市がやるべきなんだ。それを名も無き若者がやる。小樽のためになる公共事業だ。方向を決めるのは市でもポートでもなく市民一人一人なのだ。これこそが主権在民の市民が登場する舞台だ」

ポートは相撲の勧進元の位置づけで、投票するのは観衆であり視聴者という考え方である。この理念に埋立派であっても正面切って反対できるはずはない。

しかし、この格さん戦略に圧力がかけられるのに時間は要しなかった。さっそく第一回目で借用した艀が「業務で使うので貸せない」と断られる。格さんは標的を変えて別の港湾荷役会社に交渉に出向いた。もちろんここでも断られる。

ポートにとって艀会場は運河の活用を最もアピールできるステージである。この企画を放棄すればその効果は半減ですまない。格さんはほぼ毎日のように艀を所有する郵船海陸運輸の専務に会いに行った。しかし「何度来てもノーはノーだ」と断られる。今度は夜討ち朝駆けの奇襲戦法に変え、専務がよく利用するスナックに通い、懇願することにした。毎日のように通い、何度か専務にも会えたが、それでも答えはノーだった。

しかしこの何度目かの時、専務は「その頼みは俺にしても駄目だろう。艀は会社の所有なのだ。どうしてもというなら、会社が断れない理由を持ってこい」と謎めいた台詞を言い残した。

「それってどういうことなのだろう」と格さんは自問自答した。

実行委員長としての面子、シナリオライターとしての意地、侠気の限界、筋道のありよう。格さんの混乱は続いた。

「待てよ、自分の立場で考えるから埒があかないのだ。自分が会社側に立てばいい。会社は社会奉仕や地域貢献ということが存在意義だ。そうだ！　これだ！」

格さんは、すぐさま企画を担当していたべべに電話をした。

「オイ、べべ！　施設の子供達をポートに招こう。すぐ手配してくれ！」

格さんは福祉施設の子供たちをポートに招くチャリティーイベントを思い立ったのだ。もちろん、事故が起きないよう警備体制を厚くする。それであれば文句は出ない。

そしてまた朝一番に郵船海陸運輸に出向き、叱られながらも、「ぜひ、これを読んでください」と企画書を手渡した。

それを読んだ専務はニヤッと笑い、「よし！　これならいいだろう」と、やっと貸し出しを認めた。しかも郵船海陸運輸は艀に防護柵をわざわざ設置してくれたという。そして格さんは、会社がポートに手を貸すのではなく、施設の子供達に手を貸す立場なのだとスタッフに言い聞かせたのだ。

格さんが難儀した最後の砦が小川原昇（あきら）氏、格さんの父親、その人である。仲間には「親父は政（まつりごと）、息子は祭り事でお袋はカンカン」と語っていたが、父昇氏は小樽の保守本流の根幹にいる人である。藪半の石蔵は、そういう人々をもてなす座敷として使われていた。その層がやってほしくないことを仕掛けるばかりか、しかも我が息子が実行委員長に就く。ポートの若者たちは、由緒ある藪半の座敷を占拠し、タダ酒、タダ茶、タダ暖房を使う。まさに父にとっては息子が獅子身中の虫だ。ただ昇氏は何度かその集まりの議論を聞いていた節もあったようで、「あれはどういうことか、それはなぜか」と息子に尋ねていたという。

「親父、何を言うのだ。ポートのアイツラは、みんなこの街の出世株なんだ。いわば先行投資だろ。

まして俺達は街の古いものを守って再生させようとしているんだ。親父がつくったこの藪半も、かつてはニシン親方の別邸でそれを蕎麦屋にしているじゃないか。再活用から付加価値をつけたように、俺達も運河や倉庫群や歴史的建造物を再生させるまちづくりをしようとしてるんだ。まさに親父がやってきたことを見習っているも同然じゃないか」

そんな息子の言い分を苦笑いしながら頷いてしまう昇氏は、いかにも好々爺にも見えるし、その先の苦労の度合いも分かっている仙人にも思えるが、故人となってしまったため真意を今は聞くことはできない。

## 保格ラインの実働部隊

構想を実現するには実務家がいなくてはならない。実務を担う者がいなければ現場はつくれないし、現場がなければ運動は絵に描いた餅だ。夢街やポートでは、市民に波紋を広げていった過程で、まるで謀ったかのようにつぎつぎ実務家が加わっていった。無論、誰もが御輿である運河再生を己の人生観を通して担いでいたことは言うまでもない。

ステージ企画ではベベ、出店ではDAX、設営では大谷さん、事務局ではキッコ・吉岡雅実（よしおかまさみ）・カズユキ（原田和幸　はらだかずゆき）の三人体制。それに昭和二九年生まれのオオタボン（太田善之）とシサボン（志佐公道）を加えた実務部隊は、鉄壁の執行部として以後の第七回目までポートを支えた。

オオタボンこと太田善之は、北海道デザイナー学院に通っていた画学生時代、興次郎が店長をまかされていた札幌の喫茶店「ドッコ」に出入りしていた。昭和五〇年十二月に興次郎が小樽で「叫児楼」を開くとオープニングスタッフとして参加。卒業と同時に札幌のパルコに務めたが、昭和五三年の第一回ポートの際は幸か不幸か無職で、地先への挨拶や渉外を担当した他、第一回ポートではメインステージのＭＣを勤めた。またポートの男女別スタッフＴシャツのデザインを提案し、「companion」なる役名を付けた。いわゆる接待職が「コンパニオン」と呼ばれる以前である。

格さんが仕掛けた身障者の参加企画を実務的に成功させたのもオオタボンである。身障者施設の和光学園職員に友人がおり、その友人を通して格さんの戦略をスムーズに実現できた。資金の乏しい実行委員会で、小樽水天宮祭のカラオケ大会に出場し、素晴らしい歌唱力で優勝、そこでいただいた景品を身障者の子供達に配った。

オオタボンは現場のコーディネーターとして天賦の才を持っていた。コーディネーターの役割は関係者を快く協力させることである。そのためには、相手を納得させるプレゼンテーション力、利点を感じさせる営業力、自分に好意を持ってもらうスマートさを持ち合わせていなければならない。組織が前に向かって運動展開をするには、細部にわたる気遣いが必要だが、彼は群を抜いた才を発揮した。オオタボンは私より一歳上で、彼と私とはポートフェスティバル以後の様々なまちづくり運動で行動を共にし、私の誤解されやすい無愛想さをいつもカバーしてくれた。

第一回ポート終了後、無職だったオオタボンは、ポートで知り合ったＤＡＸに誘われ、パブ「HOIHOI

いる。

HOUSE」の開店スタッフに誘われ、ここでバーテンダーとして修行。昭和五七年に独立してバー「モダンタイムス」を始めた。二度にわたってニューヨークへバーテンダー修行にも行き、今日に至っている。

夜のビジネスは、そんな彼にとって天職と言っていい。人は酒が入れば緊張がほぐれ、仮面をはずす。愚痴も文句も出れば、素直な気持ちも現す。こうした救われようのない客で成り立っているのが夜の花柳界である。この絡繰り（からくり）をオオタボンは実に弁（わきま）えている。客はいい気になって帰って行く。彼の接客術には脱帽する。私だったらいつ客と喧嘩になるかわからない。

昭和二九年小樽生まれのシサボンこと志佐公道は、今日の小樽では第一人者として知られた写真家である。シサボンは東京写真大学在学時代に被写体としての舞踏に興味を抱き、卒業する昭和五一年に故郷小樽で北方舞踏派が旗揚げすることを知って帰郷した。翌年開店の「海猫屋」の厨房を手伝いながら、舞踏の写真を撮り、色内の「海猫屋」から桜町の自宅までの道すがら、廃墟も同然だった運河の写真を撮り続けた。小樽運河に被写体としての魅力を感じた最初の一人だった。己の感覚を信じ、行動に移る無口な潔さが、仲間たちを優しく包み込んでいた。

シサボンがポートの輪に中に入った契機は「叫児楼」である。写真大学在学中、冬休みで帰郷していた昭和五〇年十二月、オープンしたての「叫児楼」に行った。「叫児楼」にとって三番目の客だった。「いらっしゃいませ」と声を掛け、地下の客席に案内したのがオオタボンだったという。

昭和五一年に帰郷したシサボンは、「小樽運河保存のための港湾再開発と運河再利用計画展」を見学、昭和五二年「ビート・オン・ザ・ブーン」やメリーズ会合にも参加した。昭和五三年第一回ポートフェスティバルでは宣伝部長。蘭島キャンプや藪半での夢街発起人会にも参加した。シサボンはポートの起ち上がりから輪の中にいた。いたが、ほとんど発言をしていない。しかし、前述したように第一回ポートの後かたづけを、大谷さんやＤＡＸとともに二十日間泊まりがけで行い、最後まで責任を果たした。

実行委員会には資金が全く乏しいことから、現場にメディアを呼び無料で記事にしてもらうパブリシティを常に仕掛けた。資金確保のために、潮見台にあるゴミ処理場でカラスと戦いながら古い家具などを回収し、骨董品屋に卸す一方、ポート当日に実行委員会直営店でも販売した。発言は少ないが、実行力は誰にも勝っていた。

昭和５５年　吉岡雅実

そしてもう一人、欠かすことの出来ない実務家として吉岡雅実を挙げなければならない。吉岡は小樽桜陽高校時代、学園祭に使うポスターのシルクスクリーン印刷を山さんに依頼したことが契機となり、「メリーゴーランド」の常連となる。高校時代では彼も写真部で被写体としての運河に魅力を感じていたという。「叫児楼」や「ホイホイハウス」にも通い、運河が埋め立てられることに危機感を抱いて、メリーゴーランドを通じてポートの仲間となった。第一回ポートが開かれた昭和五三年当時、吉岡は札幌大学一回生となっていた。山さんから「お前、今暇か？　昼のおにぎりと軍手を持ってちょっと来いや」と訳もわからず呼び出されたのが現場に関わる直接のきっかけだった。

結果的に吉岡はファイナルの平成六年「第十七回ポートフェスティバル」まで事務局長的なポジションを全うする。吉岡の回りの先輩たちは事務局の吉岡をまるでサンドバッグを叩くようにしごいた。しかし吉岡とてタダの一度もそのしごきに愚痴を言ったとがない。「自分しかいない」と思っていたからだ。吉岡はこう述懐する。

「興次郎さんの言葉には泥臭いけど説得力があった。べべさんは無茶なことを企画して、いかに実現するかを現場に突きつけた。大谷さんは口より先に動けと教えてくれた。志佐さんは写真の師匠でもあったし、いつもニュートラルな位置にいた。キッコさんはまさに母だった」

吉岡はポートスタッフの誰からも愛された。回を追う毎に、細かな連絡をしなくても、「吉岡やっといてくれ」と言えば、自然に形になる、そんな阿吽の呼吸ができていった。

吉岡は大学を卒業後、べべさんが勤務していた札幌ファッションモデルグループ（SFMG）に入社し、以後、博報堂など広告代理店を渡り歩くが業界を生き抜く上で「べべの無茶」を現場で受けとめた経験が最も役立ったという。

「もし自分がポートを体験せず、べべさんらをはじめとした先輩方に会っていなければ、広告業界などにはいかなかったし、たぶん変化を好まない普通のサラリーマンで終わっていましたね。だから僕はあの頃会えた多くの先輩達には今も感謝しているし、嫌な思い出なんて一つも思い浮かびません」

ポートは明らかに社会に変革を仕掛けた。しかし参加した多くの若者に強い責任感があったわけではない。「粗にして野なれど卑に非ず」で充分だった。ヤンチャで、投げやりで、大胆で、無責任なこの祭りの中で、唯一吉岡の普通さが社会的責任の窓口だったのかもしれない。

## 第二回ポートフェスティバル　―来場者も出店も倍増

格さんを実行委員長とした第二回ポートは昭和五四年七月七～八日に開催された。

第一回目の倍の十五万人が押しかけた。格さんは『ふぃえすた小樽』（昭和五四年七月臨時増刊号）にこう記した。

「あらためて、祭に意味合いを付与する必要はないだろう。『祭り』は唯一楽しむためにこそある。そういう『祭り』がもうすぐやってくる。…中略… 明治・大正・昭和の親子三代百年の『時の流れ』が、

昭和 54 年　第二回ポートのポスター
敦賀富美雄画

そこを訪れるものすべてを魅了する。『小樽運河と石造倉庫群』の沿道に、素人があたためてきた手造りの作品の出店が数限りなく並ぶ『祭り』がやってくる。勿論、ロック・フォーク・ジャズコンサートや、のど自慢大会で若者のエネルギーが爆発するばかりではない。お年寄りが孫の手をとり、昔自分が子供の時分に運河や艀の上で遊び廻った自慢話を聞かせながら、出店をひやかす光景が、又今年もやってくる」

格さんは、第二回ポートには資金基盤の安定

昭和54年　第二回ポートフェスティバルにて
左から志佐公道、佐々木興次郎、小川原一家

が必要と考え、ポートオリジナルTシャツやタオルを商店街で販売してもらうネットワークを作り上げた。こうして商店街などを巻き込んだ結果、運動は市民にさらに浸透していった。出店には一気に二倍の申込が殺到し、最終的に百八十軒を超えた。また艀のイベントではSTVラジオの人気パーソナリティ日高晤郎氏が実況を努め、スタッフのプロレスショーで子供達は盛り上がった。

第二回ポートフェスティバル宣伝部長としての私の仕事は祭りの前に終わっていた。当日は報道などの取材対応しかない。とはいえスタッフ不足の中、遊んでいるわけにはいかない。大谷さんの指示で設営や撤去を手伝い、DAXの指示で各出店の電球調整に出向き、警備のローテーションのコマとなり、本部に詰めて必要があればいつでも動けるように準備していた。その間、二百人近くが集まったスタッフの顔も次第に覚えるようになった。

ポートスタッフは、記述したように「叫児楼」「メリーゴーランド」などの常連を基盤にしていたが、私は当時いずれの店の常連でもなかった。無理に中に割って入るつもりがなかったから、ポートの中では仲間意識的コミュニティーの外にいたように思える。とはいえ「人見知り」というほど純粋でもない。ポートのダイナミズムの中で「俺にはなにができるのだろう」と悶々とした鬱屈が間違いなくあった。この鬱屈こそ、やがて「社会」への興味や好奇心が大きくなっていく原点となった。

# 第6章　強行採決

## 突然の「飯田構想」

昭和五四年一月、北大助教授の飯田勝幸氏が小樽市から依頼され、「小樽運河とその周辺地区環境整備構想（運河公園構想）」を策定した。全面埋立から半分埋立とし、残した部分を親水公園化する、という現在に近い形であった。これを受けて、小樽市土木部長は六月の定例市議会で「国費の導入も担保でき実現可能。我々もここまで歩み寄ったのだから、保存派も歩み寄ってほしい」と議会答弁している。

飯田氏は「歴史的なものを保存しようといえば聞こえはいいが、都市の機能はそれだけでは完結しない。新しいものを取り入れながら、いかにして調和のとれたまちづくりに仕上げるかが重要」と説明したが、京大名誉教授西山卯三氏は「あの程度の水が残っていれば運河を保存したといえるのだろうか。結局は埋めるための絵を描いたに過ぎない」と酷評した。

このような飯田構想に対し、「守る会」はあくまでも全面保存を主張し、道路で運河と市街地が分断されることを危惧した。駒木さんは『ふぃえすた小樽』（昭和五四年四月号）にこんな記事を投稿した。

## 欺瞞に満ちた飯田構想

ここで飯田構想がいかに曖昧であり、市民を欺いたものであるかを、市側の説明会で配布された資料を参考に述べてみよう。これまで運河周辺環境の保存及び整備を主張してきた市民に対し、市当局は、市内交通渋滞解消のため、文化遺産としての運河の埋立はやむを得ないと回答してきた。しかし、今回はこの地区を『北海道及び小樽市の発展史の中における小樽港及び小樽運河の位置づけを残しながら、今後に小樽市民の誇れる地区として市民意識の連帯をうながす場所』と認識を改め、『小樽運河のもつ、固有の歴史的、景観的特性を残し、それを将来に向けて伝える重要な歴史的空間として整備する』とした。この内容を理解する限りにおいて、市側は、これまでの運河環境の保存、整備を主張する住民の求めに十分応じたものであり、市民側にとって大きな進歩と思われよう。このことは、本来ならば非常に喜ばしいことであり、この基本構想に立脚した整備計画がいかに実施されるかは、大いなる関心事であり、期待が寄せられるのである。

しかし、その具体策として発表されたものは、まず『運河地区の一部に新計画道路を導入し道路と伝統的建築や運河を有機的に結合し、その相方の利点や魅力を生かしながら、その特性や魅力を傷つけないよう配慮する』と述べているのである。新道計画の説明が全くされずに、『小樽運河のもつ、固有の歴史的、景観的特性』とする地区環境に、なぜ新たな道路が導入されなければならないのか。六車線もの道路が『重要な歴史的空間』を寸断するように通らなければならないその必要性とは何か。道路建設によって『空間が』中央から寸断されるにもかかわらず、『重要な歴史的空間』と呼ぶ理由は、一体何を意味するのか。道路建設理由について一言もふれていない。『計画の考え方の概要』とは、裏付けのない、空論であるとしか言わざるをえない」

〔上〕昭和 54 年発表　運河公園構想
中央橋付近から浅草通り側を望む
〔下〕札幌側より手宮側を望む

駒木さんが主張するように、この時期に市が作成した資料には、保存派を懐柔するための理論武装が感じられる。自ら保存派という飯田氏の理論あるいは文言をそっくり転用している箇所が多々見られた。保存派との対話を拒否し続け、運河保存に理解のそぶりも見せないところに、突然「飯田構想」

をもって付けたように理論武装した安易さに駒木さんが噛みついた。

当時発行されていた北海道新聞社の月刊誌『月刊ダン』（昭和五四年）にはこんな記事がある。

「『火中の栗を拾う』という言葉があるが、燃えさかる火の中に手を出せば結果がどうなるかは誰でも見当がつく。その火勢を見誤ってヤケドをしたのが飯田勝幸助教授。保存か埋立かで市内が大騒ぎしている小樽市に運河公園構想を依頼されたのがもとで、御用学者の烙印をベッタリ押されてしまったばかりか、反対派にカネを返せと訴えられていいところなし」

しかし、小樽市は「歩み寄り」の既成事実を重ね、全市民的なコンセンサスを得ていた歴史的建造物の重要性に着目して「小樽市歴史的建造物対策会議」を設置し、歴史的都市景観の保全事業に着手した。これがのちの昭和五八年「小樽市歴史的建造物及び景観地区保全条例」となり指定物件が誕生する。

運河を埋め立てようとする小樽市が「小樽市歴史的建造物対策会議」を設置したことは、保存派を懐柔する工作ではないかと誰もが感じた。しかし保存派も市民も誰も「小樽市歴史的建造物対策会議」を批判・否定はしなかった故に、この措置が昭和五九年以後の小樽のまちづくり運動でも重要な制度になっていく。つまり是々非々（ぜぜひひ）。非なるものを提案し、是なるものでごまかされず、運動は取引ではないと認識した。

## 保存派陳情不採択

昭和五四年十一月十四日、小樽市議会建設・総務両委員会は審議もせずに促進派陳情の採択、保存派陳情の不採択を強行採決した。

ＤＡＸは『ふぃぇすた小樽』のスタッフ八人と取材を兼ねて当時の小樽市議会を傍聴していた。審議がはじまっても居眠り議員が如何に多いことか。突然、自民党議員から「議論を打ち切って採決」と動議が発せられた。するとそれが合図のように全員が目を覚ました。すかさず共産党議員から「議長不信任」の提案がなされた。本来であれば不信任が優先される。だが議事録の記載順序通りに採決が提起されたことを理由に強行採決が優先された。傍聴席からは議長を名指してヤジが飛んだ。傍らで峯山さんが泣いていたという。

ＤＡＸたちが議事堂から出ようとしたとき議長と鉢合わせとなった。「貴様らか！　さっき俺を名指しでヤジったのは！　名前を言え！」と恫喝をかけられたという。

「こんな暴力団のような連中が、あんな茶番でまちの大事なことを決めているのか」と市議会のふがいなさにＤＡＸらは愕然とした。

このニュースを私が聞いたのは叫児楼で珈琲を飲んでいたときだった。

「なぜこんな大事な問題を子供じみたやり方で決めるのか！　なぜもっと正々堂々と議論できないのか！　これが大の大人がすることか！」と大声を上げた記憶がある。

隣にいた大谷さんが、「まあよくあることだ。だから俺達みたいのが出てくるのさ」と慰めてくれた。しかし怒りはおさまらず、

「数の多い党が数の少ない党を差し置いて多数決という方法で決めることくらい知っている。でもこれは多くの市民が関心を寄せ、盛んに議論されている問題なんだ。なのにこの決め方のどこに主権在民があるんだ！　世論を無視した全くの茶番じゃないか！」とまくし立てた。

やがて興奮した心に鎮静剤が打ち込まれたようにうつむき加減になり、「市民も若者もなめられたな。それならそれでとことんやるしかない。俺達の戦いのレールを敷くしかない」と覚悟が芽生え、「よし、わかった」と顔を上げたことを覚えている。

世間知らずの私が世の中の不条理に怒りを感じ、戦いを覚悟した瞬間だった。

## 経済界を説け　キーワードは観光や！

小樽市議会が強行採決したことで埋立派は手続きで一歩リードしたが、保存派には権力に抗う政治力など持ち合わせていなかった。だが、多くの小樽市民が運河をきれいにして残したい気持ちを持っていることは確信していた。触れることもためらわれた運河問題が、ポートの二年の広がりの中で、誰もが明け透けに議論できる扉が開かれた。そして私たちは市民の半数に近い人々が「運河をきれいにして残したい」と思っていると運動を通して実感していた。

埋立派にも「断固潰して道路にすべき」と主張する勢力は依然として存在し、これが市民世論の高まりの中で「飯田構想」に次第に吸い寄せられていった。このようなバランスの中で、双方が様々な手段によって自派勢力を拡張する情報合戦に移っていく。そして段階的に問題の判断は、道道の権利者である北海道知事の判断に移行しようとしていた。

情報とは実にやっかいだ。受信する側に問題の本質の見極めがないと、人は簡単に操られる。たとえば小樽市議会の議決が議会手続きを無視した強行採決であったことを伏せてしまえば、市民は「議会決定なら仕方ない」と認識してしまう。しかし、これが強行採決であったことを知る我々は「議会決定なにするものぞ」と気持を奮い立たせる転機にさえなった。一般市民とは大きな温度差。この温度差こそが埋立派の情報戦略の要だった。「知らない方がいい」「知らないうちに」ということだろう。

一方、我々の情報戦略はあくまでも「世論の盛り上がり」であり、「世論」拡大で既存の法律や社会システムに修正を加えていくしかないと考えていた。埋立派の既成事実の積み上げに対し、保存派の世論拡大は、同じ情報戦略と言っても大きくスタンスは違う。しかし、双方が情報を主力兵器として運動を進めていったことは変わりない。

日中、ネクタイをしめて外回り営業をしていた私は比較的時間に自由だった。暇があれば山さんと会って話を聞いた。

「石井なぁ、こんなことは世の常や。昔から数の力や権力の横暴はどこにでもあるんや。僕も憤りを感じるけど、感じたかてどうにもならんのや。それより僕らが拠って立つべきは主権在民やねん。在民の民の一部に僕らの仲間を増やすしかないんや。この決定は最終的には道がするもんや。道道臨港線やからな。この問題が道に行くまで僕らはできることをせにゃならんねん。僕らの仲間ふやしはポートが鍵を握ってるんやで」

「僕らはチンピラに過ぎない若者やけど、十五万人もの人々を呼び込んだ祭りを主催しているんや。パブリックなことをしてるんや。パブリックやで。ええか、市民なんや。その他の民衆でも単なる住民でもないで。街というパブリックを憂い展望し、意見を持った市民なんや。よー覚えておけよ」

何度も何度も聞かせてもらったが、二十三歳のノンポリチンピラには理解できなかった。理解できたことと言えば「俺達はポートというスゴイことをしたし、その感動を武器にするしかない」という程度。わかった振りをしていたに過ぎない私に山さんはこう命じた。

「石井、いいか、お前が説くのは同友会（北海道中小企業家同友会小樽支部）だ。同友会役員をされている井上（一郎氏）さんは十分理解してくれるはずや。

いわゆる経済界や。経済界の人々に何と言って説くかわかるか。『観光』って言え。運河を経済に活かすには観光といえばリアリティがわくやろ。お前はそれでいけ」

こう言われたときに妙に納得した。

埋立派の理屈に乗る気はない。俺たちの理屈で勝負するしかない。俺たちの理屈で経済界へ説得するとなれば――、なるほど！　観光か！　運河保存を基にしたビジョンだった。

埋立派の理屈は過去の価値観とシステムに根ざして現状を再構築することであり、俺たちの理屈は世論に根ざして未来を展望し、そこから現状を再構築することだった。

「それなら俺でもできる。いや俺しかできない」とまで思い込み興奮した。

昭和五四年当時、誰一人として小樽が「観光都市」になるとは思っていなかった。当時の小樽にとっての観光は、せいぜい朝里川温泉宿泊や、夏の海水浴、冬のスキー程度の認識だった。それなのに山さんは「運河保存は観光の経済効果を生む」と断言した。今日の小樽観光は、この時の山さんの一言から始まったと言ってもいい。逆にいうならこの時期、山さんしか今日の観光都市小樽をイメージしていなかったともいえる。幕末の日本で、勝海舟や坂本龍馬などわずかしか「新生日本」を頭に描いていた者はいなかった。小樽にとって山さんは、まさに勝海舟であり坂本龍馬だった。

さてその山さんから、小樽の経済人に対して「運河が保存再生されると、観光で多くの人々が訪れてお金を落としてくれる」と説く役回りを私は授けられた。以後、私は中小企業同友会小樽支部の会員である社長方を訪問し、運河保存と観光開発とをダブらせて説く経済界行脚に精を出した。しかし、当時の私に小樽経済界を説こうとする動機は、わずか二回のポート参加による感動だけだった。「あの程度の、しかも手づくりのイベントに、あれだけ多くの人々が来場してくれた」ことこそが、運河と観光をつなげる実感だった。単純な若者の猪突猛進。「士は己を知る者のために死す」という故事があるが、私にこうした重大な使命を授けてくれた山さんへの感謝も充分なエネルギーになった。

## 安保世代の励まし

若干二十三歳、青二才の私が意を決して最初に訪れたのが、株式会社光合金製作所社長の井上一郎さんだった。中小企業家同友会小樽支部の役員をされ、後年「ミスター同友会」といわれ、私の母も尊敬してやまない井上さんは当時四十代。聡明で科学者のような風情を持っていた。

「石井さんが小樽にとって良いことだと信じ、志を立てて多くの方々に意見を聞いて歩くことは頼もしい限りです。お金も権力もない人が志を実現させるには運動しかありません。お金で意図を実現しても、それは長続きもしなければ、人々に浸透もしない。単なる花火で終わってしまいます。変革の実現は否応なく運動しかないでしょう。多くの支援者も同時に育っていきますので、一人の志が多くの志になります。しかし、その道のりには山あり谷ありで、実現は容易ではありませんね。実現にたどり着けないこともよくあります。その覚悟でぜひ頑張ってください。

運動にもいろいろなパターンがあります。誰もが不満を持っているのに発散できなかったりすると、不満が充満して爆発することもあります。人間が本来持つ生命力ですね。多くの独裁政治がこれでひっくり返りました。小樽運河保存運動はすでに多くの賛同者がいます。運動はあなたがた若者の登壇によって明るい社会運動に変化しています。石井さんが多くの方々から意見を聞くことは、この明るい社会運動にリアリティを与えますので、頼もしい限りです」

このように、懇切丁寧にご教示いただき、励ましていただいた。井上さんは「真の変革は志ある運動しかない」と断言しながら「実現までたどり着けないことも高い確率でよくある」という。大胆と謙虚が同居するこの器には驚いた。

この諭しは、私に腰を据えて歩かねばと思い直させた。運動は一人で為し得ない。達成に時間がかかる。社会変革そのものよりも、その途上にいることこそに価値がある、そう思い返した。そして「運河を埋めろ」とする人はなぜそう思うのか、考える度量を持とうと思った。それが「己を知り敵を知れば百戦危うからず」とする孫子の兵法である。

井上さんの励ましは無謀な私をますます無謀にさせ、今思えば冷や汗が出るような暴走ぶりだった。

後日談として、井上さんは六〇年安保の闘士であり、中国を幾度も訪れた経験のある方だと知った。「そんな方が実によく私のような者にわかりやすく優しく諭してくれたものだ」と思い返し、改めて感謝し、己の厚顔を恥じた。

## 『老害と若気の至り　～果たし状～』

昭和五四年の秋、全道版の経済誌（月刊）から、ポートフェスティバル実行委員会の宣伝部長であった私は取材を受けた。ばばこういち氏から受けた取材の失敗を繰り返すまいと質問事項をメモし、「言いたいことを改めて投稿します」と言った。すぐに『老害と若気の至り　～果たし状～』と題した小論を書き上げ、余白に下駄履きで腰に日本手ぬぐいをぶら下げたバンカラ風のイラストを描いて投函した。以下のような内容だった。

小樽は変な街だ。年寄りが歴史を壊せといい、若者が歴史を守れという。歴史を壊せという言い分は、いまもなお未練がましく、終焉したはずの高度経済成長に乗ろうとする意図があり、歴史を守れという言い分は、新しい潮流を小樽から発信しようとする意図がある。

こういう時代錯誤のはなはだしい年寄りどもが存在することを老害という。辞書で調べたら老害はあっても若害がない。若害の代わりに若気の至りを見つけた。老害には断じてあってはならない絶対悪の意味があり、若気の至りには寛容的で必要悪の意味がある。

さらに老醜という言葉はあるが老美という言葉がない。代わりに隠居という言葉を見つけた。つまり社会も言語学会も、若者には若気の至り、老人には隠居という逃げ道を用意してくれている。

この老害・老醜きわまる年寄りどもが、マットウな議論もせず、運河埋立強行採決なる不条理極まりない方法で、俺たち若者に喧嘩をふっかけてきた。上等だ。受けて立とう。いい大人がそんな幼稚な方法の決済しかできない理由も知っている。窮鼠猫を噛むともいうが、本来堂々としていればいい君たちは、いつから鼠になり果てたんだ。見苦しいにもほどがある。

黙って譲れとはいわぬが、過去に頂戴した甘い汁の味がそんなに愛おしいか。流行を創るのも追うのも若者だし、オマケに歴史を創るのも若者だ。若者には流行を見極めるセンスってもんがあるし、過去の流行から新たな流行に切り替える潔さもある。もう既に違う風が吹いているのに、見失った風を追い求めているのが君たちだ。君たちは過去にテマヒマかけてカンとコツを磨いて現在を創ってきたのに、時代の変わり目でカンとコツを見失い、形だけをごり押ししようとしている。俺たちは俺たちのやり方で喧嘩しよう。

投稿はほぼそのまま雑誌に掲載された。これを読んだ小樽商工会議所の川合会頭と志村市長が「ケシカラン」と怒っていたと、あるスナックのママが話していたとべべから伝えられた。

驚いたが、恐怖でも後悔でもない。「おもしれぇー」と思った。たかが二十三歳のチンピラのメッセージを街のトップ二人がケシカランと目くじらを立てる。小樽はなんておもしろいんだ——、素直にそう感じた。

すぐに川合会頭宛に『小樽運河保存再生建白書』なる長い長い意見書を書いて送った。もちろんノーリアクション。それでもよかった。

社会構造が強固であればトップが下々の戯言(ざれごと)を気にかけることはない。なのに小樽のトップは目くじらを立てているという。小樽の社会構造は限界に達していると感じるとともに、社会とはなんと身近なものかと思った。これが札幌や東京なら、私など歯牙にもかけられまい。逆にもっと小さな田舎なら村八分だろう。そもそもこの話はママの作り話だったかもしれない。それでもいい。そんな作り話が出るほど街が反応するとは思わなかった。歴史を創れると感じた。

## 箕輪登の登場

しばらくぶりで恒治さんから電話をいただいた。紹介したい人がいるという。同行させていただいた先は、花園町の箕輪登代議士邸だった。箕輪本邸はかつて私が通っていた中学校の側にあった。箕輪氏はその頃から雲の上の存在だった。

　箕輪氏は医師であり、昭和三七年から佐藤栄作元首相の主治医を務めたことで自民党に認められ、昭和四二年に衆議院議員選挙に出た。同期には山下元利、加藤六月、塩川正十郎、河野洋平などの著名政治家がいる。田中内閣（昭和四七～四九年）で防衛政務次官として初入閣。私が訪れた二年後の昭和五六年、鈴木内閣で郵政大臣に就任する。当時五十六歳、北海道で最も元気のよい政治家だった。

「箕輪先生、この男が小樽で元気のいい若者、石井君です」と恒治さんに紹介されたので、元気よく
「おはようございます。石井と申します。よろしくお願いします」と深くお辞儀をした。

なぜ恒治さんが自分を箕輪氏に会わせるのか？　恒治さんと箕輪氏の関係は？　箕輪氏は小樽の若者のどこに興味を示したのか？　など、私はそれを恒治さんに聞こうとしたが、時間のないまま到着し、いきなり本番に突入した。

　訪問してすぐ箕輪家の朝食をご馳走になった。箕輪氏はそもそも医者であるのに、飯をゆっくり噛んで飲み込んだあとに煙草を吸い、その繰り返しを悠然とこなす姿に私は驚いた。おかずの隣に灰皿があるから食卓は煙の只中だ。まるで煙草が消化を助けるといわんばかりの光景だった。

「石井君、君は運河をどう思っておるのかね」と聞かれ
「是非きれいにして残すべきだと考えています」と応えた。

やはり運河問題だった。

「誰が残すのかね」

「公的機関が残すのです」

資金の当てもないのに計画変更を主張するのは絵空事ではないのか、そんな皮肉に聞こえたが、市民が持ってしかるべき意見だと開き直った。

「道路にするのは反対なのかな」

「道路の要不要は資料が乏しく判断しかねます。仮に必要と判断されても、運河を埋めて道路にすることにまっこう反対しています」

「計画にあがっている道路はどうする」

「現在、専門家が道路を必要とする場合の対案を設計しています」

石塚さんら専門家が対案を策定中であることは承知していた。

「運河はそれほど価値があるのかね」

「あります。市民には歴史的な風景として文化を醸し、商売では観光産業として十分価値は眠っています」

妙にテキパキと答えられた。恒治さんは心配そうな顔をしている。箕輪氏が私に何を聞こうとしているのかまだわからない。

「小樽の港湾業界や建設業界からは、早いとこ道路にする計画を実行に移してと、要請がどんどん上がっておるが」

「まるで運河の埋め立ては、公共事業で不況を埋めるための業界エゴにすり替えているような要請ですね」

「公共事業誘致よりも残すことが得策だというのかね」

「断然そうです。一時の食いつなぎより小樽百年の計です」

「いいかね石井君、戦後から今日までの日本の政治は、国民から上がる声によって、どれほど地域に公共事業を運ぶかが大きなテーマの一つなのだ。なぜなら全国津々浦々まで先進国に肩を並べる便益をもたらせることが国民の幸せだからなのだよ。公共事業が対象とするインフラは地域の産業や生活に大きく貢献するからね」

「先生、僕はそれに異議を唱えているのではなく、地域の個性を潰してまでやるべきではないと思っています。この地域の個性が文化や経済にこれから必要だと考えているからです。だから道路計画をずらすべきだと思っています」

「佐々木君、よくわかりました。僕が心配していた考えではないようです。安心しました」と恒治さんに目を移した。火がついたのは私だった。

「先生は何を心配されていたのですか」と切り返した。

「この小樽という街はね。随分と左の勢力も強くてね。運河問題がそこに起点を置いているのではないかという心配ですよ。政治は国民の幸福を考え、政策を選び推進する役割を担っているわけです。反対するのは簡単だ。国民のすべてが納得できる方法があれば理想と思うが、それは不可能に近い。現実的な条件には限りがあるから優先順位をつける。反対は優先順位の下位に多い。では反対派に対案はあるかね？　対案もなくビジョンもない彼らが政権を担えば、大変な混乱を招く。小樽運河保存運動がそんな政治的活動の一端ではないかと疑念を抱いたから、君の意見を聞きたかったのですよ」と箕輪氏は苦笑しながら言う。判然としない私の表情を察し、恒治さんは

「石井、あとでちゃんと説明するからそう噛みつくな」

たったこれだけの会話で我々は引きあげた。私はリトマス試験紙だっただけだが、自分でも不思議なくらい明快に応えたものだと驚いた。

いずれにしても箕輪氏の意図は見えた。国家の中枢にいる箕輪氏にとって、全国に話題を発信している地元の運河保存派が、野党勢力の政治的意図にからめられているかどうかのリトマス試験紙として私は選ばれたということだ。政治は実に魑魅魍魎（ちみもうりょう）としていると感じた。一方、人の褌で相撲を取るのが政治なのかと思った。本来は現場が政治を利用するものだ。生かすことも潰すことも含めて。しかし、政治は現場を利用する。問題のすり替えである。だから魑魅魍魎になる。

それにしても恒治さんと箕輪氏の関係は未だに聞きそびれたままである。

## 右と左

昭和五四年春、事務局の吉岡から「宣伝部長として面会してほしい人物がいる」と告げられた。待ち合わせた静屋通りの喫茶店に入ると、爽やかな印象の三十歳前後の人物が待っていた。

相手はポートがいかに素晴らしいかを語り「ぜひ応援したい」という。そこまではうれしい評価だったが、このような動きを支援するシンジケートがあって、そこと共同で進めることを匂わせてきた。会ってから約一時間、ある政党からの接触だと分かった。こういう輩が「あれは我々のシンパがやっているイベントだ」と言ってプロパガンダの道具にすると以前から聞いていた。箕輪氏が懐疑したのはこのことだ。結果的に新聞を取れとか、密な連絡体制をつくりたいという話になった。

「我々は独自に運動している。あなたがたがどう理解しようと自由だが、既存政治の領域でポートを語るスタンスは持っていない」

明確に拒絶した記憶がある。それが相手にうまく伝わったかどうかはわからない。

全ての現象は両刃の剣なのだ。ポートの成功によって意思を示す市民が多数登場したが、このように既存政治に利用される誘惑があることを学んだ。「出る杭は打たれる」というが「出た杭を利用する」者もあるということだろう。

政治には必ず意図がある。国会議員であれば国益の意図がある。ややこしいのが「益」のスタンスだ。国益、党益、省益、票益と、さまざまな「益」が中央には渦巻いている。政権与党は国益を根拠とし、党内部では党益を根拠とし、選挙時には票益を根拠とする。また中央官僚は所属する省益を根拠とする。各益が錯綜するから問題は常に絶えない。とはいえ国内では国益以外、決して公にできないエゴだ。だが国益さえ国際的にはエゴになる。箕輪氏の言うとおり「先進国に肩を並べる近代化のための公共事業」も国益なのだろうが、その裏にある地域エゴは隠せない。利益誘導政治を国益という大きな風呂敷で正当化するとも思える。

「まちづくりは政治ではない」などと綺麗事は毛頭考えてはいない。むしろ政治問題そのものだ。小樽運河保存運動は戦後日本の政治手法に「待った」をかけ、画一的な公共事業が地域の個性をないがしろにする過剰性を指摘した。簡単に言えば「過ぎたるは及ばざるがごとし」であり、「覆水盆に返らず」であるがゆえ妥協できないのだ。地域の歴史遺産を質に入れてまで画一的な道路を選ぶべきか、そんな問題提起である。

ゆえに運河問題は新たな政治手法を提案しているとも考えていた。本来政治の論拠は世論だ。この世論の主体は市民である。私たちは、堂々と市民世論を醸造し、市民の権利と義務を遂行しているに過ぎない。この当たり前が、利益誘導をバイアスにした甘味体験を持つ人々には理解されない。だから誤解され、箕輪氏が私の首実検をされたのだ。

私は社会人になってから、山さん、恒治さん、格さんら、学生運動経験者から多くを教えられた。しかし子供の頃から母親に努めて「男らしくあれ」と教育されてきた。その延長でヤクザな世界に身を置いたこともある。京都の大学四年のとき、たまたま雀荘でヤクザの親分に可愛がられ、准組員如き立場になり、麻雀の代打ちをしたり、みかじめ集金を手伝ったりしていた。そして今では考えられないことだが「男を磨く」様々な話を聞かせていただいた。

「ええか、石井、勝負に勝つことだけが勝ちやない。どこで勝つかを見極めなあかん。相手がホンマモンの男やったらそこ見とるんで」

「世の中にはどうしようもならん奴もヨケイおんねん。そんな奴、野にさらしとったら何をしでかすかわからへんやろ。警察かてよう面倒見んのや。せやからわしらがおんねん。極道モンはテメェより強いモンには服従するんや。力やで。腕力でも道具でも男でも勝てるようにならんと極道モンの面倒は見られへん。世の中綺麗事だけではないんや。無教養で無節操なやつらをわしらは食い止めて、任侠を以て教育しとるんや」

いわゆる暴力団と呼ばれる前、ヤクザと呼ばれていた時代の話である。私は学生時代までは右寄りの教育、社会に出てからは左寄りの教育にはさまれたようなものだ。右往左往（うおうさおう）、右顧左眄（うこさべん）する中で唯一、学生時代に狂信的に愛した坂本龍馬のヒューマニズムが右と左を結びつける指針となっていた。

そもそも右だの左だのととらえる観念論は単なる亡霊だと思っている。由来はともかくとして、何に対し右か左かという基準も定かではない。この時期、私にとってのリアリティは、迫り来る運河埋め立てへの対応。亡霊に悩む理由など全くない。世の中どうあるべきで、なら我はどうするかという判断の中で、百歩譲って右寄りや左寄りと表されても、それは他人の判断でいっこうに構わない。

世論が何よりも大切な政治的判断の根拠だとするのは、私自身そこに身を置いていたから十分理解できる。だが世論が常にいつも熱いかといえば疑問が残らないわけではない。

一般市民を「自分のことしか考えない文句や愚痴」と語る議員がいた。その議員は「だからこそ俺たち議員がいる。地域のことを考えるのが俺たちの仕事なので、自分のことしか考えない市民の世論など現実にはない。そんな亡霊のような世論を当てにしていれば衆愚政治になりかねない」と言われた。

世論とはなにか？　市民一人一人が地域のありように対して大人の視点で意見を持つことは理想だが、現実はそう単純なものではない。一人一人は日々の暮らし、生きることに精一杯なのに地域のありようまで思いを馳せよといっても酷かも知れない。しかし、事実小樽運河保存運動では、日常という鎖を外して立ち上がった市民が多くいた。

人は「自分らしい人生を過ごしたい」と思う。この「自分らしさ」の中に「地域」が含まれると、

「この街で生きることが私の生き甲斐」「この街をおもしろくするための一助に私はなりたい」と思う。これが私が感じた「まちづくり」だった。つまり「個人」が「地域」を求めた。「決めなければならない」人生ではなく自分で「決めたい」人生である。その延長に「街」があった。

# 第7章 祭と政の葛藤

## 第三回ポートフェスティバル ―どっこい運河は生きている

昭和五五年七月十九〜二十日、「どっこい運河は生きている」をテーマにして「第三回ポートフェスティバル」が開催された。

実行委員長にはべべが就いた。べべはこの年の春に札幌大学を卒業し、就職浪人の立場でイベントに臨んでいた。ポート終了後に札幌ファッションモデルグループ（ＳＦＭＧ）に就職する。

べべは山さんに同行してもらって秋川親分に面通しに出向き、プロのテキヤは出店スペースを四隅に限り、綿アメも通常の三百円ではなく百円で販売してもらうようお願いした。

実行委員会スタッフに女性が少ないこともあり、小樽女子短期大学に出かけ、スタッフの協力依頼をした。その結果七名が加勢してくれることになった。この三回目から「参加者は漏れなくスタッフ」という方針が固まり、出店者もステージで演奏するアマチュアバンドのメンバーも、設営・警備・後かたづけのローテーションに組み込まれた。

ファミリー広場の寄席風景

出店は百五十軒が並んだ。艀会場には「ファミリー広場」「お休み広場」「ヤング広場」が連なる。「ファミリー広場」では寄席やファッションショーが行われ、「ヤング広場」ではフォークやジャズが奏でられた。「チビッコ広場」では手づくり遊具による懐かしい遊びが行われ、メインステージではロックやブルースの熱演で大盛況だった。日曜日のトリをべべらビッグマラーズが飾ることが定番化した。「夜の小樽港遊覧」では海から眺める小樽夜景を多くの人々が堪能した。

ポートのステージを登竜門としてメジャーデビューする地元バンドも現れた。「ナイトホークス」「タバスコボイス」「もとかり」「ねたろう」らである。「いつか小樽に俺たちのステージを」という若者の夢が、全国デビューを実現するインキュベーターになった瞬間である。

ハビタによるシンポジウムが今回も前野麻袋倉庫で開催された。ハビタが資金稼ぎにトレッシングペーパーで作成したランタンの素晴らしさに実行委員長のべべは感動し、彼らのクリエイティビティをポートに取り入れたいと思った。

シサボンは奥沢の大型ゴミの集積場でゴミ拾いに精を出した。今は粉砕機能のあるトラックでゴミを回収しているが、当時は粉砕されず、そのまま奥沢地区の処分場に廃棄されていた。それらの中から価値あるものを選び、清掃してから骨董品屋に持ち込む、あるいは実行委員会直営のコーナーで販売し、資金とした。

明治から昭和初期にかけての小樽は、函館と並んで全国から北海道に渡る移民の上陸地だった。明治二年から昭和元年までの移民数は二百二十七万人を数えたという。その上陸地であった小樽港では、出身や身分を問わない、未来指向の明け透けな交流があったと想像できる。さらに時代が進み、カニ族が北海道に大量に上陸した時代、フェリー基地のある小樽は彼らの聖地だった。カニ族をスタッフに誘い、ここでも明け透けの交流が繰り広げられた。

ポートはまさに小樽の原点ともいえるアケスケ交流を再現した。その代表が、苫小牧から参加した居酒屋「土蔵屋」の店主、中条さんである。中条さんは第三回ポートに「バクダン」なる昔懐かしい駄菓子製造器を持ち込んで人だかりをつくった。中条さんはガッチリした体格でヒゲを蓄え、真っ黒な肌でバクダンの実演をした。中条さんのバクダンはポートの名物とさえなった。これを機に昭和五九年には苫小牧にもポートフェスティバルが誕生し、小樽のスタッフも数多く応援にかけつけ兄弟関係になっていく。

ポートは分け隔てなく仲間に引き入れた。市外の人でもポート会場では、新たな小樽を創造する市民の一人になることができた。市外の人は小樽を客観的に見ることができる。隠すことなく気軽に本音で感想をいい、アイディアも語ってくれた。

移民で形成された人々が自らを小樽市民と認識するのはいい。だが市外に住む人たちをよそ者扱いするのは不条理である。そもそも小樽市民も何代か前はよそから来た移民なのである。分子に扱われていたよそ者が分母となり、小樽はよそ者に上書きされているのだ。

## ニャン太の大冒険

今、全国に「ゆるキャラ」は五千〜六千もあるといわれている。小樽でも「運がっぱ」「商大くん」「タルピー」「荒波しゃこ次郎」「こうワンコ」など、いくつかのゆるキャラが登場している。しかし最も早い小樽のゆるキャラは「ニャン太」だろう。

「ニャン太」は運河保存運動から生まれた。「こういうものがあれば一般市民にもっと運河のおもしろさを理解してもらえる」と提案したのは、当時水産高校の教員であった境一郎（さかいいちろう）さんであり、キャラクターをデザインしたのは、私と同期中一夫（なかかずお）である。

中一夫は、苫小牧高専で土木を学ぶが在籍三年で中退。小樽に戻り、山さんの経営するメリーゴーランドに出入りしていた。第一回ポートフェスティバル当時、メリーゴーランド近くで営業していた越前電気でアルバイトをしていた。骨董品に囲まれ、六〇年代・七〇年代のフォークソングが流れる

昭和 55 年　紙芝居の本
『ニャン太は運河が大好き』

メリーゴーランドは小樽の下町手宮の情緒と見事に重なっていた。中は運河を語る山さんにワクワクし、奥様の信子さんにもかわいがられたという。メリーゴーランドにはまさに中一夫自身が求めていたものがあった。山さんに同行して藤森ビル（現浪漫館）へ出向き、元小樽運河を守る会事務局長の藤森茂男さんにも、いろいろな過去の出来事を教えていただいたという。

　中はメリーゴーランドのミニライブでもギターの弾き語りで何度か歌っている。電気工事スタッフとしてポートに参加し、同時にフォークのコンサートにも出演した。

　同じメリーゴーランド常連客であった天下善博（あましたよしひろ）、斎藤友美恵（さいとうゆみえ）、笠井実らとの深い交流も重なり、ここに私と同じ大学出身で岡山から移住した松岡勤（まつおかつとむ）も加わり、ポート実行委員会では目立たないものの、貢献度の高いメリー軍団が形成された。

　昭和五四年、中の親友となった松岡は、小樽に定住し現在の富岡ニュータウンの入口の坂道の途中に、民家を改造して民宿「ポンポン船」を営んだ。ポンポン船を根城に中と松岡の運動論が熱を帯びていく。松岡はシナリオライター志望、中はイラストレーター志望。中は小樽の画家森本光子（もりもとみつこ）さんから絵の指導を仰いだ。この交流から運河をやさしく説明するツールとしてニャン太が誕生する。

昭和５５年　紙芝居興業一座
左から三人目が中一夫　小樽運河にて

さらに映画製作サークルにも入り、そこで平田真由美（ひらたまゆみ）と出会い、平田とともに『ふぃえすた小樽』発刊のスタッフにもなるが、初代編集長のＤＡＸ（原田佳幸）と意見が合わず脱会。これらのことが契機となり、中自身の運動への自問自答が始まる。

紙芝居『ニャンタは運河が大好き』を六十七万円の費用をかけて自費出版した。写植を切り貼りする作業など現在ではコンピューターでする編集作業を自分の手で行った。

紙芝居興業を第三回ポート会場はじめ、市役所前、妙見市場前、丸井デパート前などで開き、商店街や幼稚園にも出向き、多くの人々に運河の良さを説いた。

中が次に起こした独自運動は「わからない人にもよくわかる運河講座」（『ふぃえすた小樽七号』に全文掲載）である。中学生でも理解できるように分かりやすく運河の価値を伝え、小樽の大人社会の幼稚さを鋭く突いた。この講座によって多くの若いスタッフが運河問題に目を開いた。

中の独自路線の運動は紙芝居だけにとどまらなかった。オリジナルフォークソングとして、昭和五三年には「小樽運河ちゃん悲しいのかい」、昭和五七年には「我が運河の詩」をポート会場で発表。中は紙芝居、そして歌を通して運河の大切さを訴えた。若者が社会問題を音楽や紙芝居で世間に訴えた最後の世代かもしれない。

第三回ポートフェスティバルが行われた昭和五五年、ポートは「長崎中島川祭り」「大阪中之島祭り」と並んで「日本三大手づくり祭り」といわれるようになった。中はポート代表として大阪や長崎に自腹で参加し交流を図った。中は中なりに、長崎や大阪で多くを学び発見し、自分の運動に活かしていった。木と森の比較があるが、小樽運河保存運動のなかで中は木を、私は森を見てきたのかもしれない。

## 第四回ポートフェスティバル ―生きる！ 活かせ！ 甦きろ！

第四回ポートフェスティバルは、昭和五六年七月十八日～十九日、「生きる！ 活かせ！ 甦きろ！」をテーマに開催された。実行委員長にはＤＡＸが就いた。

出店は応募の段階で二百二十軒を超えたため、運河の対岸である市道港線にも出店ゾーンが拡張された。露天商との交渉にはＤＡＸと大谷さんが出向き、プロの出店は前年同様、四角のみとなった。

ポートのスタッフは事前会議で四十名、祭り当日ともなれば三百人にもふくれあがっていた。ここで実行委員長ＤＡＸが頭を悩ましたのは、スタッフ意識の世代間ギャップである。手探りでイベントを創りあげてきた創設メンバーと、途中乗車した二十代の新規参加メンバーとの間には大きなギャップが存在した。

　新規参加層には大義名分である運河保存への意識が希薄であったことから、DAXはこのギャップを埋めるため、石塚さんらが描いた「運河公園完成予想パース」をみんなで描き、大きく掲げることを提案した。北海製罐倉庫の壁に縦五メートル、横十メートルのつなぎ合わせた大きな紙を貼り、スタッフみんなに描かせた。難しい説明をするより、この絵を見て「運河がこんな風になればいい」と思う者が多くなってくれた方が良いとDAXは考えたのだ。今はコンピュータ画像で描くところだが、当時は全て手づくりだった。

　また大所帯となった組織の体制維持のために、DAXは事務局長の吉岡に対し、「お前は言いにくいことをズケズケ言う嫌われ者になってくれ」と頼み、吉岡も了解した。吉岡は事務局長として厳し

〔上〕昭和 56 年　第四回ポートフェスティバルのスタッフ本部テント
〔下〕同メインステージ

く若いスタッフに臨み、実行委員長のＤＡＸは実務的な不安をまったく感じなくて済んだ。

しかし当の吉岡には負担が集中し、祭りの現場で積もった鬱憤が爆発した。ポートは「参加者全員がスタッフ」とする暗黙のルールを持っていた。夜になると出店者が本部に電球を取りにくる決まりで、出店申込時の説明書にもそれは明記していた。ところがプロの露天商が「なぜ電球を付けにこない」と本部に怒鳴り込んできた。これに鬱憤の溜まった吉岡が対応し、しまいには両者胸ぐらをつかむ一触即発状態になった。事務局長となれば三百人もの烏合（うごう）の衆を規律でまとめる役回りである。第四回ポートが終わって間もなく吉岡は胃潰瘍で入院した。

## ポートの世代交代

第四回のポートが終わった後、ポートスタッフの世代間ギャップを埋める話し合いが、興次郎、ＤＡＸ、べべ、シサボン、オオタボン、大橋（哲）、倉田（一宏）、そして私で行われた。ＤＡＸはいう。「この小さな街には時代錯誤の老人がいる。だからポートが誕生し、若者の出番が生まれた。そのポートも四年経ち、これまでの経緯を知らない若者がどんどん増えてきた。スタッフが増えることはポートとしてうれしいことだ。しかしまちづくりは量よりも成果を重んじる。つまり運河保存への意識がどれほど市民に浸透したかだ。そこで、俺たちのように最初からポートを運河保存運動の一つとして手探りでつくってきた創設組と、イベントの賑やかさに惹かれて入ってきた継承組にはギャップがあるように思う。むしろ俺達古い層が一斉にリタイヤした方が、若者たちが社会との関わりをつくっていけるのではないかとさえ考えた」

　これに対してべべは次のように返した。

「ＤＡＸが言うように、俺たち創設組がそろってリタイヤすれば、継承組が前面に出ざるを得ないよな。彼らが前面に出れば彼らが直接社会と向き合うから、必然的に運河を取り巻く状況と立ち向かうことになる。その理屈は分かるよ。でも、現実的じゃないと思う。俺たち創設組が過去四回のポートを継続してきたことで予想外の成果を感じて、やってよかったと思っているよな。このおもしろさを俺たち一人一人の表現で伝えることが何より重要じゃないか。俺たちが山さんや格さんの表現でまとまってきたように、継承組の誰かが創設組の誰かの表現で感じてつながれば、バイパスが通ることになる。この方が現実的だと俺は思うよ」

「確かにその通りだな。べべは新しいサウンドが生まれたようだと言い、シサボンはこれほどの被写体はないと言う。オオタボンは下戸でも気持ちよく酔えると言い、石井は街とセックスしたようだど言う。そういうことだな」とＤＡＸが納得した。

「そういう考えに立つと、第五回目の実行委員長は、俺たちとつきあいが長い大橋（哲）や倉田（一宏）たちの世代にお願いしたいと俺は思っている」

　ＤＡＸに指名された大橋は、スターレスのボーカルでリーダー、ムードメーカーとして若いスタッフに絶大な人気があった。彼の周りにはいつも笑いが絶えなかった。その大橋は次のように答えを返した。

「俺は俺自身ができることを精一杯やりますよ。でもね、役割分担ってことも大事だよね。俺たちが先輩たちのようにうまく伝えられるかは別として、そういう表現力がない奴にそれを求めても可哀想じゃないかって思うのさ。だから役割分担さ。組織ってそういうもんじゃないかなぁ」

大橋は、ＤＡＸが感じた矛盾に役割分担という解決策を提起した。社会に対応する者、現場をまとめる者、呼び込む者。そんな役割分担を徹底すればという。

興次郎がこう言葉を足した。

「大橋と倉田よぉ、聞いてくれ。俺たちがこれまで駆けてきた四回は、俺たちの場所を奪い取る気でやってきた。これからは与えることも考えなければならない。違う言い方をすると、俺達は社会の中から運河に馴染むものを無理矢理検索して組み立ててきた。今度君らは組み立てられたものを社会に馴染ませる役割も期待されている。そういう意味での役割分担なら、過去を持つ俺達より、君らの方にはるかに可能性があるってことだよな。

それともう一つ、お前ら彼女とキスしたことがあるだろ。する直前まで自分の気持ちの昂ぶりってのがあったのに、それがたかがキスだけで晴れたか？　俺達だって運河を手元に引き寄せはしたけど、こんなんじゃまだまだ運河保存再生なんて遠く感じる。でもそれはキスしてはじめてわかるんだ。だからお前たちにも自発的にキスする体験をしてほしいんだ」

金も権力も立場もない若者が大人に喧嘩をふっかけ、勝ち目がないと思われる戦いの中で「キスする現場体験が新たな風を社会に起こした」とダイナミズムを興次郎自身が語った。すかさずＤＡＸが言った。

「俺はこの場で次の実行委員長を決めたいと思っている。興次郎の表現でいうならキスするのはどっちだい。役割分担論でいうなら大橋はどうなんだ」

「俺らの世代で社会的発信役ならここにいる倉田だと思う。推薦したいな」と大橋。

「ちょっと待ってよ。キスなら大橋さんの方が……」と倉田。しかし、大橋は
「俺はキスは意外と駄目！　キスさせる支援なら大丈夫」

「じゃあ。倉田頼むよ」とＤＡＸが言ってポートのバトンは受け渡された。

　ＤＡＸが問題視した世代間ギャップを象徴するのが、山川広晃（ひろあき）である。学生時代の落語研究会で「明朝」なる号を持っていたことから、誰からもメイチョウと呼ばれていた。メイチョウは実行委員会に加わる時にＤＡＸにこう訊ねたという。

「自分は運河にはなんの興味もありませんが、スタッフになれますか？」

　ＤＡＸは次のように答えた。

「ポートは誰も拒まないよ。ただし、少しは君も知っていると思うが、背景や経緯をたどれば、俺達ポートスタッフは、外からは運河保存派とみられているんだ。だから君がスタッフになった段階でそう見られてもいいのであれば構わないよ」

　結局メイチョウは第六回目の実行委員長となる。

「最初は運河には興味がなかったけど情が移った。好きでも嫌いでもない運河だったけど、子供の頃から見てきた運河で、自分が実際に祭りをやっていくと気持ちが変わってしまった。それは先輩に諭されたからではなく、自分がその現場に立って何かをしようとするのに、現場を愛せなければ何をし

てもシラケテしまうから、ごく素直に自然に好きになってきたんだ」

興次郎がいう「キス」とメイチョウがいう「愛する」とはつながっているのかもしれない。昭和五六年、第四回ポートの時点では、政治（創設組）と現場（継承組）に確かな信頼があった。

## 「売らない」「貸さない」「壊さない」

昭和五三年十二月から開始された「第一回小樽運河研究講座」の第六講は「小樽の文学風土」というタイトルで、小笠原克氏（藤女子大教授）、小檜山博氏（作家）、末武綾子氏（作家）ら錚々たる方々が講演された。小笠原克氏が講演の後に小樽の文学作品ゆかりの地を回ったことは、文学愛好者を運河ファンにする働きをした。文学にシロウトの私でさえ小笠原氏の講演で「小樽はいいなあ」と感じたのだ。峯山さんのいう「学びながら運動する」という意味が少し分かった気がした。

「第二回小樽運河研究講座」は昭和五五年二月二十八日〜四月十九日、「歴史的な町並みの再生とまちづくり」と「魅力あるまちづくりと交通」を二大テーマとして開催された。この講座で紹介された長野県南木曽町の妻籠の事例は、小樽運河保存運動を大いに勇気づけた。妻籠は京と江戸を結ぶ中山道の宿場町であり、往時を偲ばせる街並みが残っていた。高度経済成長期に妻籠でも過疎化が進むなか、観光資源として集落保存が打ち出され、昭和四三年、県の明治百年事業のひとつとして保存事業が実現した。地元住民は「妻籠を愛する会」を設立し、「売らない」「貸さない」「壊さない」という三原則からなる妻籠住民憲章を掲げた。私は妻籠の人たちの大胆さに驚き、「いつか訪れてみたい」と思うようになった。

昭和五五年には「全国町並みゼミ」が小樽で開かれた。「全国町並み保存連盟」が主催した文化庁とも連携したシンポジウムである。全国町並み保存連盟は先に紹介した妻籠と、妻籠に触発されて街並み保存運動を進めた愛知県有松町、足助町の三町によって昭和四九年に結成された。昭和五三年に第一回の街並みゼミが有松町と足助町で開催され、滋賀県近江八幡市を挟み、第三回の会場に小樽が選ばれたのだ。

「小樽運河を守る会」「小樽夢の街づくり実行委員会」が主管となり、医師会館や公会堂を会場にして二十四日「記念講演」「小樽報告会」、二十五日「各地からの報告」「交歓討論会」、二十六日「総括討論会」というプログラムで開催された。

「小樽報告会」では石塚さんが「水と緑と歴史の町づくり」と題してこれまでの運河保存運動の経緯を報告。「各地からの報告」では、妻籠、今井寺内町、有松、富田林、琴平町、川越市、祇園新橋地区、大平宿、会津喜多方、旧松本高校跡、大湫、柳井津、吹屋などから報告があった。

主会場となった医師会館ホールでは立ち見が出るほどの関心の高さだった。全国的な街並み保存運動の中で小樽が井の中の蛙から脱する機会となった一方で「守る会」の峯山さんが全国に知られる契機となった。

「全国町並みゼミ」の翌年、昭和五六年五月十六日から始まった「第三回小樽運河歴史講座」は、概念的な講座が多かった第一回、第二回とは変わって実務的・現実的な講座内容になった。

五月十六日の第一講では「にぎわいの広場の創造〜保存と経済の調和をめざして」と題して浜野商品研究所の浜野安宏氏が演壇に立ち、五月二十九日の第二講は斜里町助役の髙橋春雄氏が「土地買い上げ運動の展開〜知床の環境保護に学ぶ」と題して講演した。講座は、六月二日「町並み保存事業〜事業化の手法をさぐる」川端道志氏（Ｋプランナーズ代表取締役）、六月十二日「歴史的建造物の保存・再生〜制度的、技術的、経済的な課題をこえて」広田基彦氏（北海道建築設計監理・取締役・技術相談役）、越野武氏（北大）、六月二十日「風景の創造〜社会と文化の再建をめざして」花崎皋平氏（評論家）、六月二十五日「地域での試み〜小樽を生きる場として」浅原千代治氏（ザ・グラススタジオ・イン・オタル）、佐々木謙二氏（北海道現代作家）、佐渡芙二夫氏（北海道現代作家）、落希一郎氏（シーガルコーポレーション）、渡辺真一郎氏（小樽青年版画協会）と続いた。

## 「運河公園構想」議会可決

第三回小樽運河歴史講座の「総括討論会」が終わろうした昭和五六年六月二十九日、市議会本会議で「審議は十分に尽くされた」として「運河公園構想（飯田構想）」が原案通り可決した。市内千六百通、道内外四百通、計二千通の市民や都市計画専門家の意見書を無視したものだった。

なにかが狂っている。議員は市民世論を代表しているはずだ。それが議会制民主主義への信頼だ。しかし小樽市は、保存派が同じテーブルで議論しようと何度提案しても無視してきた。議論をしもしないで「審議は尽くされた」とする議会もまた議会制民主主義への「裏切り」に等しい。

市議会の裏切りを知った日、私は小樽の天狗山に登った。青い空と青い海、三方を山に囲まれ一方が海に開かれた小樽が一望できる。

「小樽みたいに楽しい街にしたい」「小樽みたいに世界中から若者が集まる街にしたい」「小樽みたいに創造性豊かな街にしたい」「小樽みたいに古いものもアレンジできる街にしたい」

小樽の地の利、パイオニアスピリットと歴史、そして運河保存運動の体験があれば、世界に誇り得る街はすぐそこにあると感じた。

そのためには小樽の経済を変革し、文化を築き、それによって独自の政治システムをつくらねばと思った。その瞬間、小樽市も議会も埋立派も実にチッポケに思えた。彼らの振る舞いは、とてもじゃないがカッコ悪くて世界に発信できはしない。大人は一時代をなしてきたという実績とプライドがある。これに対して若者は責任も実績もない分、想像をたくましくする。この想像、はじめは妄想であっても現実社会の中で鍛えられていけばリアリティに近づいていく。それが運動だ。妄想を現実に変えるチャンスがあるのが若者だ。必要なのは発想力と勇気と時間だ。焦らずに「志民」づくりに徹しようと考えると、すこし怒りがおさまった。

営業で飛び回っていた私は、先々で社長にお会いすると「自分は運河を守って再生させたいと考えていますが、社長はいかがお考えですか」と臆面もなく述べ聞いた。山さんから促された説得行脚である。

ほとんどの社長は包容力をもって私の話を聞いてくれた。そればかりかポートに必要な協賛広告まで付き合ってくれた会社も多い。

「そうだね、観光産業という手もあるね。絶対人口が減少傾向にあるのだから、交流人口で経済効果を上げるのは合理的ですね。ぜひ頑張ってください」

「あなたがた若い人たちの想像力には驚いていますよ。事実、見放された状態の今の運河は目を覆いたくなるほどの衰退ぶり。それに対して素晴らしい絵を描いたり、多くの人々をイベントで集めたりしているのですからね」

「高度経済成長に乗り遅れて焦っている目から見ると、運河を潰して道路にする公共事業が小樽の建設業に落ちる経済効果は、捨てがたいチャンスなのですよ。しかも政権を握る自民党、それを支える小樽市、小樽商工会議所という小樽の支配層がこぞってこの公共事業のチャンスを生かそうとしている。そこに君らが異を唱えるのだから実におもしろい。しかも多くの署名を集めるばかりか、多くの人々を運河に集めて祭りをするのだからビックリしています。どこからそんな発想が生まれるのか。でもそれが若いということですね。歴史は若い人が創ってきたのだからね。遠慮なく騒いだらいいですよ」

　無論、好意的な社長ばかりではない。このような話を迷惑がる社長もいたし、中には「おだまり！」と叱る社長もいた。

「今百億円以上もの運河埋立公共事業が下りようとしている。高度経済成長に乗り遅れた小樽にとってそれは地獄で仏のように、頼もしいカンフル剤なのだ。経済もわからん君らは、何を騒いでいるのだ！」

たしかに、経営経済と運河問題は切り離せない。しかしこの時代、経済というと東京中央との関係を強化することを思うだけで、運河を核すると小樽は観光都市になれる、観光客が多くのお金を落とし、埋め立てて道路を作るよりも儲かると言っても、捕らぬ狸の皮算用としか思われなかった。私は公共事業が地域経済に波及する効果を否定するものではないが、運河保存運動はまちづくりであると同時に産業づくりになると感じていたのだが、理路整然とこのことを社長らに言うことができなかった。もとよりホラ吹き、ハッタリ、ブラフなどの器用さもわきまえていない。無理をしてもすぐに見透かされてしまうだろう。しかし、強い叱責であっても、私には考えさせる何かがあったし、むしろアドバイスと感じ、エネルギーにもなった。

## 青懇のパラソル

私の所属する石井印刷は、北海道中小企業家同友会小樽支部（昭和五六年には後志管内＝小樽市を含む二十市町村で約四百社加盟）の一員だった。中小企業家同友会は同じ経済団体である商工会議所とは大きな違いがある。商工会議所は法的措置（昭和二八年制定商工会議所法）がある分、公的度合いが強く、行政や政界への要請や陳情が重要な使命になっているが、中小企業家同友会は経営者が勉強し切磋琢磨しながら地域経済を盛り上げることに重点が置かれている。月例会に様々な講師を招いて勉強することが活動の第一だ。中央から降りてきた商工会議所に対して、地域からつくりあげた中小企業家同友会という大雑把な比較もできる。小樽運河に関しては、小樽商工会議所は埋立派の母体の一つであるのに対し、同友会は旗色を明確にしなかった。

石井印刷では、社長である母が同友会女性部、息子の私が青年部と深く関わっていた。青年部の正式名称「青年経営者懇談会」（青懇）は二代目三代目の集まりだ。昭和五四年十月に設立。私はその創設会員の一人であった。

青懇では毎年様々な研修旅行をした。「心の財産を築くために借金をしてでも行こうぜ」が合言葉になった。先端的なまちづくりを実践していた函館、小樽に縁の深い北前船のふるさと加賀市橋立町、国際経験先駆けの長崎、沖縄などを訪れ、まちづくりの現場を学んだ。台湾にも足を伸ばし、大陸からの圧力を撥ね付けて発展しているたくましさを学んだ。地域の個性を生かすも殺すも、基本は人なのだと思った。

この青懇の中でも運河議論が活発に行われた。青懇の仲間に「ポートに出店しないか」と提案すると、みな二つ返事で了解してくれた。

しかし中小企業家同友会には「一切政治には偏らない」という規則があった。政治色の強くなった運河保存運動に同友会の名前で参加することへの疑義が幹事会で提起された。遠慮なく議論はしても活動となると勇み足になる。結果的に同友会有志で参加ということになったが、十社が参加を申し出てくれた。

ポートへの参加準備では、祝津で木箱製造をされていた浜田商店の事務所を使わせていただいた。浜田商店の浜田紀郎さんは、年齢的に青年ではなかった（昭和九年生まれ）が、同友会では若者の心をもって我々の指導役として参加し、時には煽ったり、勇気づけたりしてくれた。浜田さんは懐が深く、私の運河保存行脚をいつも励ましてくれた。

浜田商店の敷地内に硝子ケースの木組がいくつも積んであるのを仲間が見つけ、「あれをテントの骨格にできないだろうか」と言いだした。見ると三メートル×二メートルほどの木組のツガイがいくつもあった。引っ張り出して広げると三角形ができた。これにビニールを貼れば立派なテントになる。浜田さんにお願いすると快く貸してくれた。

同友会有志の出店ゾーンは、新たに設けられた旭橋から札幌寄りの坂道（市道港線）にあった。オレンジの灯りが煌々と照らされた出店ゾーンの中でおそろいの三角屋根が十棟並び、幻想的だった。

## 第五回・第六回ポートフェスティバル

過去四回に亘るポートフェスティバルには、その都度、スタッフだけに通じるスローガンがあった。「ひと雨赤字三百万円」「使用後は使用前より美しく」「実行委員自ら楽しくなければ意味がない」「参加者はみな実行委員」……。スローガンが増える度にポートは大きくなっていった。

第五回は昭和五七年七月二十四日から七月二十五日にかけて行われ、実行委員長は倉田一宏、テーマは「やっぱし運河、なまら小樽」だった。第六回は実行委員長を山川広晃とし、「どんなもんだ運河健在！」をテーマに昭和五八年七月二十三日から七月二十四日にかけて行われた。この回から「倉庫買い取り運動」として新たにロフトキャンペーンを展開した。石塚さんの提案だった。買い取るにしろ借りるにしろ、可能な限りの資金を貯めなければ説得力に欠ける。大家倉庫のキャラクターを考案し、全スタッフで取り組んだ。さらに『ふぃぇすた小樽』のスタッフも全面的に紙面を割いて応援した。

多くの小樽の若者がスタッフとして関わっていった。高校も生徒の参加を自己責任で認めたため、市内の多くの高校生が手伝いに駆けつけてくれた。フェリーから降りてくるミツバチ族、カニ族の若者を「メシとテントを用意するから」とスタッフに引きずり込んだ。毎年のよう訪れる旅人もいたし、ついには小樽に住み着く者まで現れた。

運河の保存と再生を求めて始まったはずのポートだったが、回を重ねるにつれ、ロックやブルースミュージシャンの登竜門にもなっていく。出演バンドの申し込みが殺到し、小樽市民会館を借り切ってオーディションを行うに至った。小樽市民が海から夜景を見る初めての体験を提供した「夜の小樽港遊覧」（通称ヨルオタ）は人気企画となり、坂本造園の坂本和雄さんが木組やタイヤを使った遊具を開発した「チビッコ広場」はまるで子供遊びの歴史博物館の様相を呈した。出店は二百軒を超え、クラフト発表の場、家庭の不要品によるリサイクルマーケットとなったばかりか、全道から骨董品屋が集まり、北海道で最大の骨董市場にもなっていった。

運河に浮かんだ艀をつなげたイベント広場では、当時人気のプロレスショーが繰り広げられた。顔に墨でタトゥーもどきを描き、黒タイツの中に綿を入れ、股間を膨らましユーモラスないでたちで登場した悪役を、手づくりのタイガーマスクもどきをかぶった正義の味方が、バク転やバク宙などの派手なアクションで悪役を蹴散らす筋書きに、子供たちが沸いた。実は悪役はベベやヨシキが、正義の味方は私が演じたのだが、その正体は誰も知らない。

テキヤの交渉は相変わらず山さんに委ねられたが、第五回では、秋川親分の手の及ばない別な組から「四十軒出させろ」と圧力が加えられた。こうなると実行委員会の手には負えない。対応を警察に委ねることとした。この頃、全国的に警察は「露店商再編」に取り組んでおり、カタギの露店も祭りに参加できるように指導を強めていたから、小樽警察署も積極的に対応した。

こうしてポートは真夏のイベントとして市民に浸透し、「あって当たり前」の風物詩となっていった。八回目の実行委員長となった大橋哲は昭和六〇年当時を振り返ってこう述懐している。

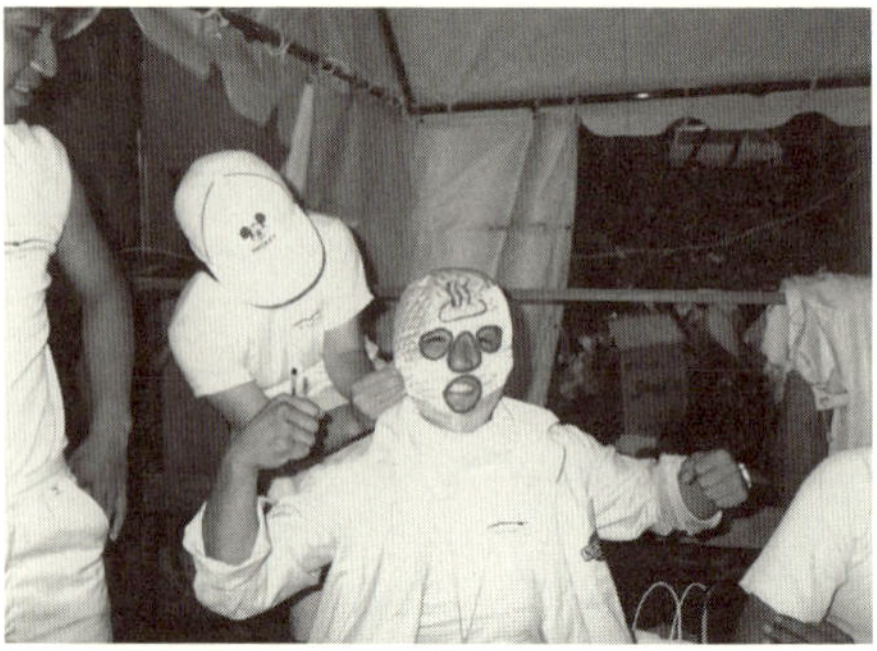

昭和 57 年　第 5 回ポートフェスティバル
プロレスショーの覆面を被る筆者

「結果的に俺が八回目の実行委員長になりましたが、既に運河再生に向けた意識は薄れていきましたね。社会的発信役すらキャスティングされなかったことを想い出します。逆に社会的発信役を立てても何を言えたかなって思う。小樽は一つになって仲良くやろうって風潮になったからね。運河をどうこうする議論も巷には起きていませんでしたよね。そういう意味でも難しさは俺も十分感じていましたね」

# 第8章 大逆転

## 堤清二の爆弾発言

昭和五七年九月三十日、本会議強行採決や工事開始で埋め立て派リードのまま最終回、同点ホームランのような奇跡が起こった。西武流通グループ代表の堤清二氏が「運河を埋め立てるなら運河地区再開発に協力できない」と記者発表したのだ。逆に言えば「運河を全面保存するなら西武は再開発に乗り出す用意がある」ということ。

昭和五四年の小樽市議会建設・総務委員会で強行採決された運河埋め立ては、昭和五七年三月の市議会本会議でこれまた強行採決によって決議された。その間、運河につながる臨港線工事が着々と進められた。公有水面埋立申請が認可され、埋立準備として運河のヘドロ固化工事が始まった。その間に保存派は六回のポートをはじめとして三回の運河研究講座、全国町並みゼミなどを開催したが、埋立のための行政手続きや工事は遅滞なく進められ、埋立への既成事実が積み上げられていった。野球の試合でいえば九回表埋立派リードという状態だった。

そこにこの宣言だ。

「あの人が言った。あきらめないぞ」と我々は奮い立った。

我々ポートスタッフにとって、この頃の西武流通グループは憧憬の的だった。西武の扱う商品のクリエイティビティやデザインはいかにも新鮮だったし、店の環境も面白い。中でも宣伝が粋だった。私も堤氏が後に著した『堤清二・辻井喬　フィールドノート』〈一九八六年文芸春秋〉で「親父（堤康次郎）が政治と経済の癒着をいうなら、私は経済と文化の癒着を講じる」に強いインパクトをあらためて受けた。

そして西武は、「売れる環境」そのものを設計し、全国でまちづくりと流通を結びつける再開発に取り組んでいた。そこには都市計画に市民運動の力学をも取り入れる懐の深さがあった。

西武流通グループの真意を探るために、山さんと私は札幌の西武の拠点、長銀ビルにあった北海道西武代表の豊島博氏を訪ねた。役員室に案内され、笑顔で迎えてくれた豊島さんは、クールなビジネスマンというよりもスジ者のような印象を受けた。

私は「運河を全面保存するなら西武は再開発に乗り出す用意があるのか」を問うた。すると豊島氏は机の上に積まれた高さ四十センチほどの書類を指さした。

「石井君といったな。ここに積み上げられている書類の山、これなんだと思う？　西武に対しての陳情書のようなもんだ。俺達は役所でも政治家でもないのに、北海道だけでもこんなに大勢が我々にお願いに来る。俺がだらしないから積み放しにしているんじゃないんだ。どの会社の役員の机にも未決・既決の書類箱があるように、積んである書類は全て未決なんだ。これらを一つ一つ吟味して、進出するかどうか、投資するかどうかを、まずここでふるいにかけなきゃならない」

書類の山に改めて西武の力を知った。

「俺は君らを頼もしいと思っているよ。あの四面楚歌（しめんそか）の状況でここまで運河保存のシンパをつくってきたのだ。堤はじめ我々は君らに十分敬意を抱いている。そしてすでに全面保存に向けた根回しもしつつある。少し時間をくれないか。北海道西武としても小樽運河は最重要案件だ」

このような話を聞いて、山さんと私は興奮と同時に土壌の違いを強く感じた。政治の論理はもちろんだが、資本の論理にも組み込まれない毅然とした市民運動であるべきだと確認はしたが、私としては勝つための色気まで拭うことができなかったというのが正直な気持ちだった。

## 政治は夜つくられる

ポート三人組といわれた山さん、格さん、興次郎は、運河を取り巻く小樽政財界の動きを、当時花園にあった小料理屋「すえおか」から入手していた。「すえおか」には小樽市の市長や部長、会議所の首脳陣、そしてマスコミの記者たちが同じく情報を得るために多く出入りしていた。「過去二代の小樽市長はすえおかで決められた」と言われるほどで、小樽運河をめぐる動きでもここの女将がキーパーソンになっていた。

女将の末岡睦（すえおかむつみ）さんは小柄であるが満面の笑みが印象的な女性だ。「大きく叩けば大きく鳴り、小さく叩けば小さく鳴る」という表現があるが、そんな幅をもっていた。政治や経済の話題、そして下世話な話でも和やかに耳を傾け、丁寧に応えてくれた。末岡さんの笑みは多くの殿方を惹きつけたばかりか、奥方にも多くのファンがいた。女将の懐の広さや店の癒される雰囲気に、小樽では名のある客が集まり、そこで本音の議論を交わした。小樽の政治、経済、文化の最前線はいつも「すえおか」にあった。

私は当時、下戸で酒を飲まなかったので、こうした店に出入りしていなかったし、「すえおか」で飲めるほどの金さえなかった。しかし、運河問題が終結した昭和六〇年になって、格さんに紹介されて一度緑町のご自宅にお邪魔させていただいたことが契機となって「ちょっといらっしゃい」とたびたび呼ばれるようになった。自宅では美味しいトラジャ珈琲と高級菓子をいつも出してくれた。女将の語る港町の裏事情はおもしろかったし、当事者たちの心理を現した女将特有の文学的表現も楽しかった。

こんなエピソードがある。

運河問題が最終局面を迎えていた昭和五九年七月のことだが、箕輪登代議士の後援会「小樽みのわ会」主催で小樽市民会館において評論家竹村健一氏による時局特別講演会が開催された。もちろん埋立派の講演会である。埋立派には、市が推し進める再開発に対して異議を唱える市民運動とそれを支持する世相を、辛口で鳴る竹村氏にバッサリ斬ってほしいという期待があったのだろう。市民会館は埋立派が各組織から動員した参加者でほぼ満員となった。

このときハプニングが起こった。講演後の質疑応答で、竹村氏はあろうことか「臨港工業地ならともかく、小樽のような港湾都市は望み薄。活路を観光面に求めざるを得ない。西武の支援を受けるのもその一つの方法だ。運河を残しながら道路をつくったらいい。そういう意味では保存派が提起している代替道路案が適切」と語ったのだから会場は騒然。代替道路案というのは石塚さんら都市計画専門家らが作成した道路案で、運河より海側の市道港線を四車線化することをいう。

公演中の竹村氏に主催者側からメモが届けられたが、それには動じず、さらに輪をかけて「道路はいつでも造れる。古い物を失えばもう二度と戻らない」と埋立派をバッサリ切り捨て「決めるのはあなたたち、わたしはよそ者だから」とさらりと結んだという。会場からは「ヤブヘビだった」「一般論で小樽の実情を分かっていない」という呻き声が上がった。

このハプニングは、竹村氏を千歳空港に迎えに行く役目を「すえおか」の女将に委ねたことから始まる。もちろん運転手付きである。女将は、講演当日に空港に着いた竹村氏に千歳から小樽まで約九十分、運河問題の概要をブリーフィングすることになった。

「なぜ私が出迎え役に指名されたのでしょうね。私の店にはいろいろな方がご来店くださいます。運河の保存派も埋立派も見えられました。私は中立派と見られていたのですね。中立だから双方の事情に詳しく、気難しい先生を迎えるには女の私が適任という判断があったのかもしれませんね。

さて竹村先生とお会いした時は、なんとも傲慢で無礼な御仁と思いました。マスコミに登場するイメージと同じですから、表裏のない方と思い直しましたけどね。車中、私はトクトクと運河問題についてご説明させていただきましたが、パイプをくわえながら、ウンでもスンでもなく、私が勝手に独り言しているような妙な雰囲気でした。

そこで私がお話しした半分はこれまでの事実経緯でしたが、残りの半分は埋立派がいかに強引で大人げないか、保存派の草の根の運動がいかに奇跡的な効果を上げてきたかという、埋立派批判・保存派評価でした。私にご指名が下された時、実は〝やっちゃえ〟と思いましたからね。私を中立派と見るのは見る側の自由ですもの（笑）」

茶目っ気タップリに女将は私に語ってくれた。

## 末岡メモ

昭和五七年九月三十日に堤清二氏の「運河を埋め立てるなら運河地区再開発に協力できない」と言い放った爆弾発言は小樽の政財界に大きな波紋を投じた。この爆弾発言の背景を語るメモがある。「すえおか」の女将末岡さんが記したものだ。文章につなげると以下のようなことが書かれていた。

堤清二氏と朝日新聞社取締役東京本社編集局長中江利忠氏は東大同期で懇意であった。一方中江氏と末岡さんも懇意であったことから、中江氏は末岡さんに航空機のチケットを送り、東京銀座のプレスセンターで行われる中江氏の堤氏に対する取材に加わるよう求めた。この席で堤氏はこう言ったという。

「私と弟（堤義明）の不仲が世間で報じられているが、実はそんな事実はなく、むしろ兄弟で歴史や文化を生かした事業をしようといつも話し合っていた。そこで北海道の中央部、つまり札幌・小樽と積丹を結ぶラインが想定され、小樽の歴史を生かした道央圏リゾートの構想を持つに至った。小樽の再開発の参考にしたのはサンフランシスコのフィッシャーマンズワーフだ」

堤氏は小樽を既に視察し、ポートフェスティバルも見たという。

女将はこの内容を小樽商工会議所の川合会頭に報告する。当時川合会頭は道道小樽臨港線早期完成促進期成会会長、運河埋立派の代表だ。これに驚いた川合一成氏、商工会議所副会頭の大野友暢氏、佐藤公亮氏、阿部暢氏、その他、小樽要人十人が中江氏の斡旋で池袋の西武百貨店本店を訪ねたという。

この頃すでに西武では小樽運河再開発の模型まで作成していた。女将は芳川雅勝氏・藤本哲哉氏・小野寺莞爾（おのでらかんじ）氏ら小樽経済界の若手を誘って札幌長銀ビルの北海道西武を訪ね、模型の説明を受けている。この時同行するはずの伊藤一郎（いとういちろう）氏は仕事の都合で行けなかったことから、女将は日を改めて伊藤氏を伴って北海道西武を訪ねた。奇しくも山さんと私が長銀ビルで豊島氏に会った同じ日で、帰り際にすれちがっている。

末岡メモは、埋立派の首領である川合会頭その人が堤清二氏となんらかの密議をしていたことを物語るのである。事実、これから間もなく川合会頭は関係者を引率して自らサンフランシスコのフィッシャーマンズワーフを視察している。

## まさかの「埋立見直し声明」

女将の斡旋が功を奏したのか、昭和五八年八月十七日、小樽商工会議所は「運河埋め立て見直し声明」を発表した。まさに回天の出来事だった。

声明に名を連ねたのは会頭の川合一成氏、副会頭の大野友暢氏、佐藤公亮氏である。もう一人の副会頭であった阿部暢氏は声明に同意できないと副会頭を辞任した。阿部暢氏は、運河埋め立て公共事業誘致推進の先頭に立ってきた建設業の代表格阿部建設の社長である。「会議所首脳陣として安易な方針変更には納得できない」としての退任であった。

いずれにしても川合会頭は「道道臨港線早期完成促進期成会」の会長でもある。敵方の頂上が自ら崩れたのだ。

我々は浮き足だった。第七回ポートフェスティバル実行委員会は緊急全員集会を開き、「緊急アピール」を全会一致で採択した。アピールで「運河埋め立て計画は再検討すべき」と述べ、ポート実行委員会として初めて「運河保存」を公的に宣言した。十日後の八月二十八日、ポート実行委員会は運河保存を訴えるプラカードを持って市内をパレードした。

誰の顔も晴々としていた。商工会議所の声明はニュースで詳しく報道され、「パレード」に打って出た私たちを小樽市民は「むべなるかな」という面持ちで眺めていた。DAXが言った。

「奇跡的な展開だよな。俺たちが運動してきた成果がこんな状況になるなんて夢にも思わなかった」

〔上〕昭和58年　ポート主催運河保存パレード
妙見三角小公園
〔下〕同サンモールー番街

小樽商工会議所会頭であり、道道臨港線早期完成促進期成会会長であった川合一成氏は、大正七年創業の北海道林屋製茶株式会社の社長である。昭和四八年に小樽商工会議所会頭に就任、これは当時としては日本最年少であった。以後平成一一年まで九期二十六年間長期政権を担った。

この林屋は西武デパートのテナントであり、川合氏も西武の株主、札幌パルコの取締役でもあった。川合会頭の変心は女将の影響だけではない。

川合氏は『月刊クォリティ』（昭和五七年五月号）の取材に応えて、「小樽経済百年の計として堤代表に小樽運河再開発を依頼した」と白状している。「運河地区周辺の再開発を西武流通グループの堤会長にお話ししたらご理解いただき、関口さんという立派なデザイナーが考えてみようということになった」と言い、東京で関口デザイン研究所の所長を務めている関口敏美氏も、同誌においてその依頼を認め、再開発計画に関する自らのスタンスを語っている。

実は私、昭和五四年に川合会頭宛てに「運河保存再生建白書」なる文書をしたためている。昭和五八年になって何かの宴席で会頭と会う機会をえた。この時会頭は「あなたが石井さんですか。長いお手紙を読ませていただきましたよ」と声をかけてくれた。

その後、二人で河岸替えして語り合った。当時二十八歳の若造と小樽商工会議所会頭というミスマッチに驚くが、私は覚えたての敬語を駆使して観光を核とした経済振興策について熱弁を振るった。会頭は「ふむふむ」と頷きながら静かに杯を傾けているものの、私は日本酒がまわり、散々まくし立てた挙げ句、カウンターに肘を掛けて眠ってしまった。三十分も過ぎしただろうか。目を覚まし不覚をお詫びしたとき、会頭はニコニコ笑いながら「私もいろいろな方々とお酒を飲んできましたが、お相手が眠ってしまわれたのは石井さんが初めてです」と、どう受け止めていいかわからないお言葉をいただいた。私は恐縮し深々と頭を垂れた。この失態を機に私は何度も会頭のお世話をいただくことになる。

小樽商工会議所副会頭、大野友暢氏は物事の真価を見極める鋭さをもっている。大野氏の関心は「まちづくり」を御旗に若者が盛んに活動することが果たして小樽の経済に有効なのか否かにあった。昭和五七年、埋立派の役員であった大野氏は山さんを訪ね、開口一番こう尋ねた。

「君たちのやっていることは小樽の経済に役立つのか」

単刀直入の質問に、山さんはこう答えたという。

「役立ちます。大野さんは経済人だからピンとくるはずです。観光です。その目玉は運河と歴史的建造物です。これらの多くはまだ機能していませんが、港湾装置だった運河が文化装置に変わる日を待っています。古代・中世・近世の歴史がある本州に対して北海道と名のつく歴史は近代からです。この近代の歴史が観光的な視点では新鮮なのです。さらに歴史的な建造物はどこにも残っていますが、改装して現在に蘇らせて利用しているところは非常に少ない。実際に使って残すこと。近代と現代のコラボですよ。そういう可能性が小樽にはふんだんにあるのです。運河を守ることは僕らにとってそういうことなのです。あの汚いまま残せとか、記念物として残すのではなく、再生させて自分達の働く場を創る動態保存なのです。運河は港湾装置としては充分に経済に貢献してきました。では文化装置は経済に貢献するか？　ということですよね。しますよ。文化と経済の融合――、それが観光なのですから」

山さんの言葉を最後まで聞いた大野氏は、

「では君たちは、道路は不要だというのか」と直球を投げてきた。

「不要とは言っていません。あなたがた埋立派は一日五万台の交通量を予測しているようですが、まず僕らはそれを疑問視しています。道の調査でさえ多くて三万五千台といっています。

今、港湾荷役はコンテナが主流となり、平坦地の多い苫小牧港にシフトしようとしています。ですからコンテナを運ぶ大型トラックが小樽港に増えていくことは考えられません。だとすれば片側三車線など全く不要です。片側二車線で十分さばけます。それなのに道路拡張のために経済復興のネタである運河を潰してしまうのは間違っています。運河は道路にするより観光の可能性を残しておき、道路は市道港線の拡幅整備をするべきです」

待ってましたとばかり、山さんは立て板に水で返答した。

大野氏は納得したかどうか。大野氏の関心は、運河を埋め立てて道道臨港線をつくる総経費と市道港線を拡張する総経費の比較、さらにはこれを実現するための行政手続の実現性だった。この日から大野氏は頻繁に山さんを訪ね、その議論の延長戦を続けていく。

もう一人の副会頭であった佐藤公亮氏は、翌昭和五九年に小樽観光協会会長に就くが、商工会議所の中でも観光をリードする立場であった。観光資源としてポテンシャルの高い運河を保存する意義は誰よりも強く感じていた。親分肌で面倒見の良い佐藤氏は、青年会議所出身の若い世代に特に信望が厚かった。かつて小樽青年会議所では小樽運河を巡って匿名投票したことがある。この結果、運河保存票が過半数を占めたという。佐藤氏は運河保存が若手経済人に浸透していることを充分認識していた。これまでは商工会議所副会頭という立場から埋立を容認していたが、事ここに至って佐藤氏が保存派になるのは極めて自然といえた。

## 起死回生

小樽商工会議所首脳陣の方向転換は「誰かによって意図的にリークされた」と噂が広まった。三首脳が保存への方向転換を確認した事実はあったにせよ、すぐプレス発表に至るほど幼稚ではない。保存に転換したならば、リアリティを持たせるための根回しに入るのが段取りだ。ましてこの問題はすでに市議会決定を受けてクイ打ち工事まで進んでいたのだ。リーク説は事実とみていい。

三首脳の方向転換を受けて会議所の議員会議は紛糾した。とはいえ、御三方の方向転換はブレなかった。こうして小樽運河問題は、小樽経済界を真二つに分けるかのように混乱していった。野球でいえば延長戦だ。しかも保存派を応援する観衆（市民世論）は圧倒的多数に膨れあがっていた。

小樽商工会議所は紛糾の結果、同年八月二十五日定例常議員会において

「従来の道道臨港線の建設は基本通り堅持してゆくこととする。ただし、確実な予算をともなって行政とのコンセンサスが得られる代替案があれば、これを検討するにやぶさかでない」との合意事項に達した。

紛糾の焦点は「ただし」以下を入れる入れないかだった。入れなければこれまで通り、川合会頭らの態度変更は無視されたことになるから、川合氏も断固として譲らなかった。常議員の過半数が川合会頭を支持したともいわれ、この段階では青年会議所の圧倒的多数も運河保存を願っていたとも聞く。だから「世論」からは既定路線を覆す土壌は整っていたといえる。川合会頭は「自らの目で見たサンフランシスコのフィッシャーマンズワーフの風景と小樽運河を重ね合わせた」（「月刊クォリティ」昭和五八年十月号）と言っている。

川合会頭が「小樽経済百年の大計」として運河保存を一歩も譲らなかったことは、保存派を大いに勇気づけた。山さんがいう「ダイナミズム」、格さんがいう「市民運動はいつか爆発する」の意味は

これだったのかと私は思った。

小樽商工会議所会頭の川合氏、副会頭大野氏、佐藤氏が、保存に向けて何度も話し合ったのは疑いの余地はない。「堤声明」以前に大野氏が山さんを訪ねて議論を続けた時、西武流通グループの堤氏の意向が話題にのぼったことがある。

後日談として山さんから直接聞いた。山さんは「直接聞けば真意がわかる」と北海道西武を訪ねた。この頃の西武は小樽進出に興味がある程度であったという。山さんは広戸昌達企画室長、町村企画室担当らに懇々と状況を説明し、西武が運河全面保存を前向きに検討する約束をとりつけた。この根回しが功を奏し、昭和五七年九月三十日の「堤声明」につながっていく。

これまでの動きを時系列で簡単に整理してみよう。

堤兄弟会談（堤清二・義明）　↓　小樽進出検討
山口・北海道西武会談（広戸・町村）　↓　運河全面保存支援検討
堤兄弟合意　↓　運河全面保存なら開発準備
堤清二・中江利忠・末岡睦会談　↓　小樽運河問題実情収集
小樽要人への末岡報告　↓　小樽要人の運河保存への契機
小樽要人十人の西武訪問（東京）　↓　具体的開発意向の確認
小樽若手経済人の西武訪問（札幌）　↓　具体的開発意向の現場下命確認
小樽要人のフィッシャーマンズワーフ視察　↓　モデル事例の研修

堤清二爆弾発言　→　小樽商工会議所首脳翻意

まさに九回裏に代打の西武が同点ホームランを放ったような出来事、また小樽商工会議所役員翻意は、サッカーでいえばアディショナルタイムに同点オウンゴールを得たような展開だった。

しかし、これは決して降って湧いた出来事ではない。背景として保存派の運動が小樽から飛び出して全国に波及していった経緯がある。「小樽運河を守る会」の「町並み保存連盟」への働きかけと交流、「全国町並みゼミ」の小樽開催、そして国会や道議会への陳情、マスコミの運河報道……、小樽運河問題は全国に報道され、道議会はもとより国会でも議論された。これが西武を突き動かしたことを思えば、保存派の草の根運動が功を奏したと言って間違いない。一市町村の行政手続きの影響力は、その市町村にしか及ばないが、一市町村の世論は市町村からあふれ出て全国に波及していく。そのダイナミズムこそが運動の成果なのだ。

一方西武には『堤清二・辻井喬　フィールドノート』でいう「文化と経済を癒着させる」意図があったことも間違いない。小樽運河はこれでもかというマスコミ報道によって全国に名が轟いていた。西武が颯爽と登場すれば、労せずにこの知名度を獲得することができる。我々の運動は計算を誤れば資本の論理に埋没していく危険もあったと思う。

## ヤマさん、おもしれぇ　やろう！

昭和五八年八月、山さんから電話が来た。

「石井か、俺や、ちょっと来れんか？」

そんな山さんからの電話も当たり前になっていた。駆けつけると

「逆転サヨナラも夢やないでぇ」

そう切り出した山さんの表情は今まで見たこともなく生き生きとしていた。

「今度は何を？」と私もワクワクしてきた。

「百人委員会つくる」

「えっ？　何ですかそれ？」

「小樽運河百人委員会や！　運河を守る会やポート実行委員会とはチャウで。小樽の各界各層の有志でつくるんや。

運河問題は一部の層だけの問題ではなく、小樽の大事な社会問題になっとる。小樽経済をリードする会議所が真っ二つになっていることでわかるやろ。社会全体のシンボルとなる社会的組織が必要なんや。僕らももちろん入るけど、小樽の各界各層が入ることによって社会的に認知される組織を立てるんや。新しい局面に相応しい新しい組織や。これだけ運河保存再生が世論に浸透しとるのやから、各界各層の組織をつくることも可能や。そういうものができれば『守る会』やポートなら無視されて

きたことが、今度は無視するわけにはいかんやろ？」

ビックリした。この男の頭の中はどうなっているのかと武者震いした。

この提案を聞いて「適材適所」「最適化」「分相応」「目には目を」などの言葉が頭のアチコチで点滅した。若者で組織したポートが風穴を開けた世論に運河保存が浸透したところで、新たな受け皿として各界各層を横断した「小樽運河百人委員会」をつくって対応する。私なりにそう理解した。

「ヤマさん、おもしれぇ。やろう！」とアキレルほど賛同した。

「ほな、早速、石井、お前は経済界を回って名前を集めろ！」

「ガッテン！承知！」

趣意書も企画書もなく、私は経済界を回った。それほど興奮した。この興奮のみをもって説得しようと飛び回った。

私は走り回り、市川弘、内山景一朗、植田政嗣、遠藤吉春、岡崎光洋、北上徳郎、小井田芳雄、斎藤宏一、橋本フミ、三木行信、中野良夫、浜田紀郎、松田惇二氏らの方々から参加の承諾を得た。他の仲間も動き、医療関係や文化関係、教育関係など百人が賛同し、陣容は一気呵成（いっきかせい）に整った。

運河埋立に関する行政手続きは着々と進んでいる。法律に準拠したアリバイづくりに抜かりはない。この当然であるかのような行政手続きに我々は異議を唱えた。三権分立のうちの行政を敵に回し、世論を背景にした政治的判断に希望を託した構図だ。政治的判断には世論が反映されて当然とする本筋があった。この本筋に基づいて一層の浸透をはかるべく署名活動、関係機関への陳情、ポートフェスティバル、小樽運河研究講座などを実行してきた。「小樽運河を守る会」「小樽運河を考える会」「小樽運河を愛する会」「ポートフェスティバル実行委員会」「夢の街づくり実行委員会」など。こうした理念に寄って立つ様々な組織母体が設立されていった。それらはひとえに運河保存という世論の盛り上がりを目的としていた。

運動とは何だろう。これらの諸活動を運動と考えればいいのか。権力も財力もないから、良心的な政治的判断を期待して行動を起こすことしか、することがない。政治も行政も法律も旧態依然でいいと誰も思わないだろう。時代や社会の変化に対応した内容でなければならない。もちろん変えてはならないものの議論も必要だが、時代や社会の変化を敏感にとらえなければいけないのが政治だろう。正義は我にあり――。こうした理念に基づいた諸活動が運動だったし、現代に生きる者として、公を思う市民として、当然の発意であったと思う。

そこに山さんが発起したのが「小樽運河百人委員会」という組織だった。「運河は保存して再生させた方がいい」とする世論の高まりを背景に、政治的に切羽詰まった状況を鑑みた発案だったといえる。「小樽運河百人委員会」は、これまでの運動の延長線上にある組織ではあったが、より政治への影響力を強く発揮する組織として経済界を含めた小樽の各界の代表が名を連ねた。

「小樽運河百人委員会」をつくった山さんの本当の狙いは「これなら市民の過半数となる十万人署名が集められる」という政治的説得力の獲得にあった。始めからそこまで考えていた。市民の半数を超える署名、この数こそが「多くの市民が保存を願っている」動かぬ証明であり、運動の総決算であった。

## 十万人署名

「小樽運河百人委員会」は昭和五八年九月十二日に結成された。

山さんから「石井、お前とりあえず暫定的に議長役をやれ」といわれ、結成式で議事進行をしたが、このとき議事の進め方に鋭くツッコミが入った。小樽商科大学教授の結城洋一郎（ゆうきよういちろう）氏である。私はタジタジになったが、山さんが仲介に入り、結果的に結城先生に議長役を代わっていただき、ホッと溜息をついたことを覚えている。

そもそも私はこんな場で議事をリードする役などしたこともない。ヤレといわれてハイと応える単純さ。厚顔というか無神経というのか。その後の様々な打ち合わせの中で、山さんと結城先生のやり取りを聞きながら「なるほど、大人の会話とはこういうものか」と何度も感動した。

「百人委員会」では議論が錯綜すると結城先生が司会役に推されることが多かったから、結城先生を正式に議長に推す声が高まった。小樽商大からは結城先生の他、篠崎恒夫（しのざきつねお）先生も参加していたため、結城先生は「それでは今後、篠崎先生と私が交代しながら共同で司会役となりましょう」と承諾してくれた。そのうち両教授が「共同議長」と呼ばれることになった。規約上の正式な役職ではないが、後に起こる一部代表幹事の暴走に対抗する意味もあって、代表幹事と並んで会を代表する役職のように扱われることになった。

「百人委員会」の使命は運河保存十万人署名の実現である。我々は毎晩住宅街を回り、市民宅に飛

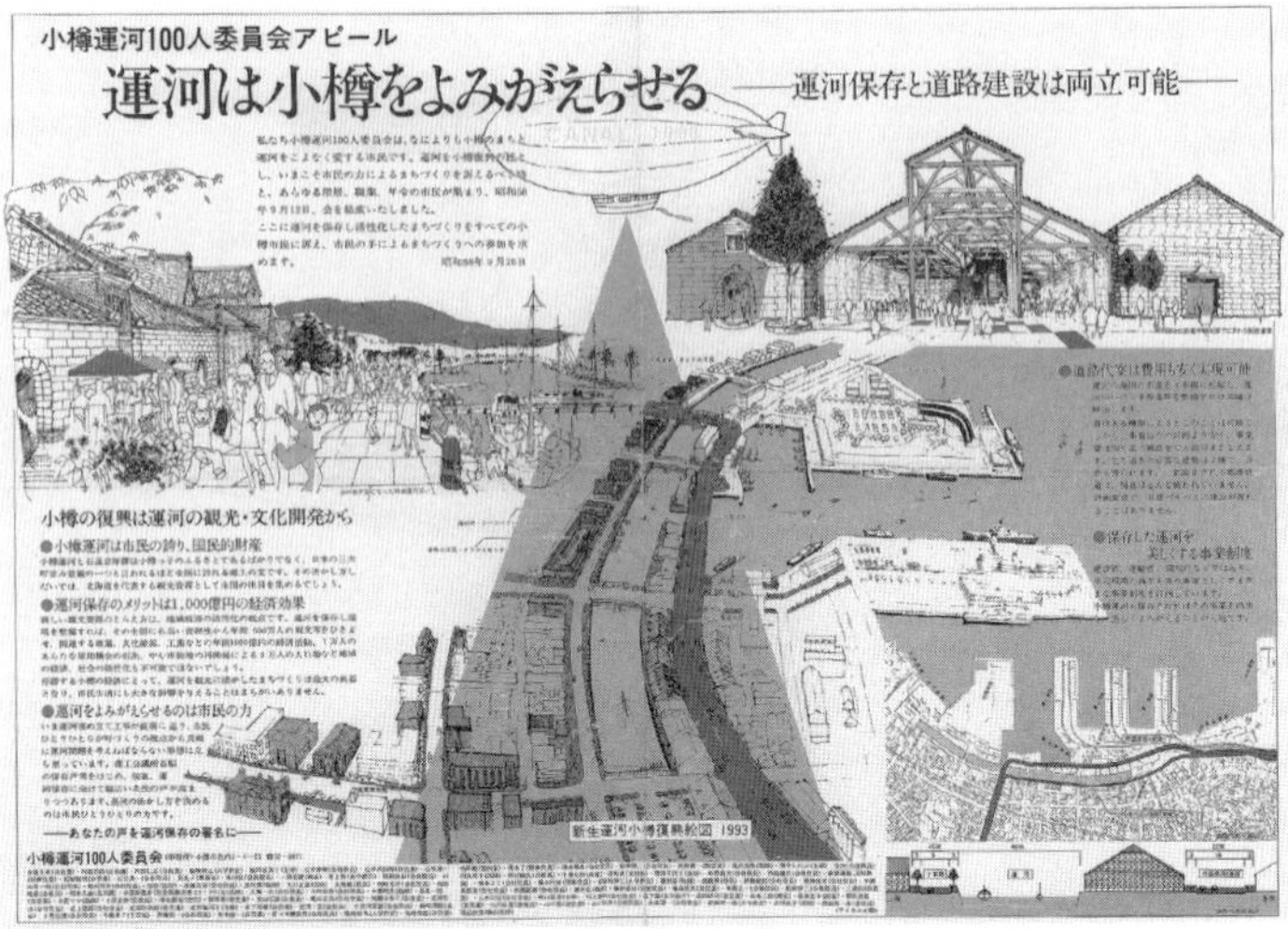

昭和 58 年　小樽運河百人委員会　運河保存再生と代替道路案主張 PR チラシ

び込んでは必死に運河保存を訴え、署名捺印を集めた。

十月十八日、小樽青年会議所が運河全面保存に態度を決め、要望書をまとめたとの朗報が飛び込んできた。そして署名開始から二カ月もたたない十一月十日、なんと署名は九万八千人に達した。当時の小樽市民は十七万七千九百九十五人。その数は全市民の五十五パーセントに相当する。どれだけの人が署名を呼びかけたろう。運河を守る会、ポート実行委員会、百人委員会のメンバーをはじめ、何百人もの人々が署名を求めて奔走した。小樽史上最大の集中力というしかない。

昭和五九年一月十七日「百人委員会」は、署名簿を小樽市ではなく、あえて水野建設大臣と田川自治大臣に提出した。マスコミ各社が全国版でこれを報道した。小樽市ではなくあえて国会を選んだのがミソで、百人委員会の執行部（山さんや結城先生、峯山さんら）の戦術の凄さである。小樽市への署名提出はこれまで「守る会」が何度も行い、無視されてきた経過がある。当初から全国世論を味方につけることが署名の目標だった。

これに対して小樽市は一月十九日、何と建設省から署名簿を取り寄せ、その点検をはじめた。国に提出したものを勝手に小樽市が取り寄せ、こともあろうに点検をするとは、市民を愚弄するなにものでもない。「市長リコールだ」という感情論が高まった。

政治手法としてリコールに訴えようとすることは自然とも思えたが「リコールは確実に可能だが、実際に行動を起こす場合、リコール後の選挙で勝てる候補の根回しが大前提だ」と「百人委員会」主流派は一致した。

一月二十九日、市長リコールを予期憂慮し、地元の代議士箕輪登氏が仲介役となって、志村市長、川合会頭、山吹自民党小樽支部長ら七人によるトップ会談「七人委員会」が行われた。しかし箕輪代議士は「運河問題は行政機関が解決すべき」と発言し、三回目から身を退いてしまう。こうした情勢を受けて北海道知事横路孝弘氏は「状況が少しずつ動きつつあり、新しいコンセンサスを得るため私も努力したい」と発言

昭和59年　小樽市広報号外　百人委員会主張に異を唱えるチラシ

し、運河埋め立て見直しを示唆する。

　一月三十一日、小樽市はアルバイト十名を雇い、百人委員会の署名簿と選挙人名簿を照合する作業を開始し、選挙人名簿に該当する者は二万八千六百人と発表した。そして、小樽市議会は百人委員会提出の運河保存請願を不採択とした。

　二月に入って「百人委員会」はリコールを準備する委員会を設置し、三月には機関紙「運河拾萬人新聞」を創刊した。「百人委員会」の誕生、九万八千人の署名獲得、「保存さもなくばリコール」といった発信は社会的波紋を広げるには十分だった。

## ラスボス登場！

　こうした情勢を受けて、埋立派は道道小樽臨港線早期完成促進期成会の総会で菅原春雄（すがわらはるお）氏を会長に選任した。

　菅原春雄氏はフタバ倉庫社長、小樽市地方港湾審議会会長、小樽港湾振興会会長、小樽倉庫事業協同組合理事長、石狩湾新港倉庫事業協同組合理事長などを歴任する、名実共に小樽港のボスだった。戦後日本のフィクサーといわれた菅原通済（すがわらつうさい）氏の子息と聞く。菅原通済氏は菅原道真三十六代の子孫を自認し、戦前は南洋の植民地経営、貿易事業などで財を築くとともに、江ノ島電鉄を経営し、鎌倉の開発などにあたった。戦後は鉄道工業社長として土木工業協会の初代会長に就任し、政財界に影響力を発揮した。芦田均が率いる民主党に資金援助し、昭和二三年の政権獲得を支援したという。

この菅原通済氏の子息がなぜ小樽に舞い降り、港のボスになったのかは謎である。昭和五四年十一月十四日、小樽市議会建設・総務両委員会における運河埋立強行採決では、自民党市議を自社倉庫に集めて金一封を配り、強行採決を促したという噂も飛んだ。これも噂だが、運河埋立道道臨港線の計画では沿線の建物を買収する必要があり、フタバ倉庫の一つを二億円で買収する予算が計上されていたともいわれる。

菅原氏に私は運河問題が収まってからお会いしたことがある。まだ菅原氏は五十五歳であった。長身でスマート、そして品格があり、口調もやさしい。「これなら詣でる人も多かろう」と思った。しかし、鎌倉生まれの菅原氏が五十代の若さで、かつて世界を舞台に活躍した小樽商人の栄光を引き継ぐ立場にいるのだから、間違いなく菅原通済とのパイプがからんでいるとも思った。

このように両サイド緊迫した状況が繰り返され、水野建設大臣が横路北海道知事と会談し「小樽博覧会の期間中は、運河埋め立て工事の一時凍結」と発言したことを受け、五月には横路知事を調停役に第一回五者会談を開催した。

昭和五九年八月十八日まで計四回開催された「五者会談」とは、小樽市長志村和雄氏、小樽市議会議長山吹政一氏、道道小樽臨港線早期完成促進期成会会長菅原春雄氏、小樽商工会議所会頭川合一成氏、小樽運河を守る会会長峯山冨美氏と同企画部長石塚雅明氏、小樽運河百人委員会代表村上勝利氏、同代表代理山口保（山さん）の五つの団体の代表者で構成された会議である。

昭和四八年から社会問題化した運河問題で、埋立派と保存派が交渉のテーブルに着くのは、昭和四九年に小樽青年会議所理事長であった本野圭祐氏らが主催した豊楽荘における会談以来だった。これほど重大な問題について、なんと十年間も両派は一つのテーブルに着いて話し合ったことがない。小樽運河を守る会の峯山さんは何度もそういう場を持って欲しいと行政に訴えていたが、それが実現したのは皮肉にも両者がやるだけやった後始末の席だった。

## リコール潰し

菅原春雄氏が表舞台に登場し、埋立派の黒幕が表面に顔をだしてきたところで、百人委員会では内部に亀裂が生じた。代表世話人の一人村上勝利氏が単独記者会見をし、早くもリコール手続きを具体化することを表明したのだ。そんな決定など百人委員会ではしてもいない。まさに寝耳に水とはこのことだ。

主流派は「リコールの実現と選挙の勝算もない。まして五者会談の時に実施するとは何事か」と激怒した。しかも村上氏らがリコール後に立てようとした人物は勝つ見込みのない候補者だった。リコールには相手に「リコールされるかもしれない」リアリティを持たせなければいけない。相手に「リコールされて選挙になったら負けてしまう」事実背景が必要だ。リコールできてもその後の選挙で負けては全く意味がないからだ。山さんに密着していた私は初めて怒りで震える山さんを見た。

「夢を見たくらいや。なんで今、ヤクザの鉄砲玉みたいなことするんやって、僕がそいつをボコボコに殴っている夢や。今が画竜点睛の最終局面で、一番緊張する場面なんや。僕ら保存派の品格を落とす陰謀なのか、あるいは市民運動の仲間に入れてもらえない政治からのチャチャなのか、いずれであってもなくても、保存派の一部がリコールに向けて実弾を放った事実は間違いない。しかも的に届くはずもない実弾やで。こんな陳腐なシナリオで踊る貧相さが我慢ならんのや。甘すぎるんや。僕らは市民運動をしてきたんや。市民には有象無象がいることもわきまえとる。でもこんなんはそれ以下や。良識ある人間のやることやない。器の小さいモンには大きな器の志も戦略も理解できへんから、一時の感情で飛び跳ねるんや。そんなアホに気がつかなかった僕にも腹が立つんや。その未練が夢になって出たんやな。情けないで。石井、ええか、しょせん人や。よー見極めなあかん」

山さんは我々の会議でも何度か机を叩いて激怒したことがある。いつも山さんの話を聞かせてもらっていた私は、一々その怒りはもっともだと思った。我々仲間の温度差や認識の違いはいつもあったが、結果的には溝は埋まってきた。それは山さんが誰よりも前を見つめ現実を正確に認識していたからだ。誰もがその正義と情熱に打たれた。しかし今度ばかりは勝手が違った。

山さんは峯山さん、大野さん、結城先生らと図り、リコールの担保となる有望な対抗馬に以前から根回しをしていた。その対抗馬は当時中央官僚であったが、市長を一期務めた後に国政に立起する筋書きまで書かれていた。この根回しがリアリティを持つ可能性が具体的に見え始めていた。だがそれ以前に別なところからリコールの実弾を放ってしまえば、せっかく積み上げた根回しも無に帰してしまう。

それなのに、村上氏一人が勝手にリコール声明を発表したのだ。無論、対抗馬に勝つ見込みはない。

このリコール声明は百人委員会の分裂を意味する。そうなるとリコールそのものができない。百人委員会を狙い撃ちした外部からの政治工作としか思えなかった。この工作にまさか代表世話人の一人が踊った。リコール潰しのリコール声明。政治は魑魅魍魎、実に怖いと思った。

## 分裂と混乱

昭和五九年は小樽運河問題の最終局面である。小樽の市民グループも諦めることなく運動を展開し、三月二十日「港湾都市を再生する〜小樽運河の意味するもの」をテーマに開いた「小樽のまちづくりを考える会」(興次郎代表)で、講師の大阪市立大宮本憲一教授が「保存はまだ可能」と訴えると、保存運動はまた盛り上がった。

この時、運河保存を願う市民が埋立を願う市民を大きく上回る状態であったが、行政手続きは埋立派がリードするバランスに置かれていた。しかし、時間が経過すればするほど保存を求める世論が高まり、行政手続の積み重ねを無にしかねない可能性を持ち始めていた。分母が分子の重さに耐えきれずに、逆転しかねない情勢といっていい。昭和五三年、私が小樽に帰ったときの保存運動は「小樽運河を守る会」があるだけで、社会的にはマイナーな存在であった。それがわずか六年でここまでの勢いを得たことは驚くべきことだった。そして若造ながら自分がそのど真ん中にいることにいつも興奮していた。

この時代、高度経済成長を通して日本の中央集権構造は強固となり、政治は政治、行政は行政、経済は経済、文化は文化という機能分担の壁が厚みを増していた時代であったことを想像してほしい。この厚い壁を越えて行政に異議を唱えるのには二つの壁を越えなければならない。一つは「本当に運河を埋め立ててしまっていいのだろうか」という疑問を持つことへの壁。もう一つは埋立か保存かを主体的に選択することへの壁だ。いわば問題意識と自主的選択の壁である。この二つの壁を超えてさまざまな保存派組織が誕生し、最終的に大同団結組織である小樽運河百人委員会によって十万人に近い署名が集められた。もちろんまだまだ署名を集めることも可能だった。「運河は保存し、再生するべき」という多くの意思を観念ではなく実数として確認できるまでになったことは驚くべき運動効果といっていい。

このような中、小樽運河百人委員会では一部が暴走してリコール声明を発表したことによる混乱が起きた一方、埋立手続きを強固に進めてきた小樽市では横路知事や水野建設相による「埋め立て見直し」意向による混乱、さらには小樽商工会議所でも埋立から方向転換した首脳部と埋め立て派の巻き返しによる混乱が起こる。

昭和五九年三月二十六日、水野建設相は横路北海道知事と協議の上、六月十日から八月二十六日まで開催される「'84小樽博覧会」の期間中、小樽運河の埋立工事を凍結すると発表した。冷却期間を置くことで、地元合意を待つ姿勢の表れといわれている。この政治的判断によって道議会もまた混乱し、工事発注元の北海道小樽土木現業所も困惑の様相を呈した。このように昭和五九年は、保存派も埋立派も双方で内部混乱を引き起こす格好となった。混乱の最中に横路知事が「五者会談」を設置すると、これが最高意思決定機関の様相を呈していく。

一方、昭和五九年は小樽運河問題が全国区の問題として認知された年でもある。高度経済成長の影で進められた金太郎飴式の都市整備に対する反省であり、都市計画のありかたへの問題提起として日本全体の問題に伝播した。昭和五九年を分水嶺として、日本のまちづくりは経済的合理主義から個性尊重へと向かうのである。

# 第9章 ポートフェスティバル実行委員長

**だからお前なのよ　だから決断しろ！**

「石井、お前、今年のポートの実行委員長やってくれないか」

いきなりだった。昭和五九年四月、べべから呼び出された。山さん、格さん、興次郎らと話した結果だという。

「ちょっと待ってくれよ。ＤＡＸが実行委員長の年に、スタッフの若返りでさんざん話し合ったじゃないか。俺もその中にいたし、べべもいただろう。創設組は表に出ないで支援しようと。俺も創設組の一人として支援の側にまわる立場だったのに、なんで今さら」と返したが、

「お前がそう言うと予想できたさ。でもな、お前も現状の油っこさ、分かるだろう。ましてお前は百

人委員会の中枢にいるんだから。山さんと格さんは、ここらでポートとして最後の力を出さなければならないと一致したんだ。それもポートのスタッフとしてわかるだろう。今年の実行委員長は今までより表に出る。お前は俺達の中では唯一経済界に知れている。経済界というオフィシャルな世界に足を突っこんでいる奴が名を出すのと出さないのとでは全く意味が違ってくるんだ。だからお前なんだよ」と詰められた。

零細企業であっても、小樽経済界の末端の管理職が実行委員長として名を出すこと、未熟ながらも経済界に運河保存を説いてきたことが重要でマスコミの注目度が違うという。

「でもよぉ、俺の会社なんて吹けば飛ぶような小さな会社で、とても経済界の一員なんていえないぜ。それに、ポートの若者組から批判されたら何もいえないよ。すでに文句をいいそうな何人かの若手の顔が目に浮かぶくらいだ。逆にポートが分裂する可能性さえあるよ」と切り返した。

「おお、そのリスキーなことを全スタッフでやることに意義があるんだ。それが最後の力の結集じゃないか。俺も政治はよくわからんよ。でもお前も俺も、ポートはその政治的領域に突入したことは知っている。しかるべき政治判断に期待を掛けて運動してるよな。同時にポートが政治的にどういう効果を発揮してきたかも知っている。そして今の緊迫した情勢を身をもって理解している。だからお前なのよ。会社の規模なんて関係ない。少なくともお前は経済界に運河保存を説いてきた唯一の男じゃないか。若手の批判は俺達がみんなでカバーする。だから決断しろ」

いったん飲み込んだ顔をするしかなかった。「考えてみる」と言ってべべと別れた。

今が勝負時であることはわかる。勝利のための筋書きまでは理解できるが、若手スタッフに申し訳ない気持ちだけは拭うことができなかった。

いまさらどの面下げて「俺がやる」などと言えるのか。ポート実行委員長は第一回から四回までが創設組から出され、第五回、第六回は若者組に世代交代し、関係者の誰の目から見ても、第七回目以後の実行委員長は、より若いスタッフだろうと思われていたし、私自身もそう思っていた。かつて格さんが第二回実行委員長を引き受け、吉岡が嫌われ役の事務局長を引き受けたように覚悟を固めるしかないのか、とも考えたが、自分の器では実行委員長を引き受けるリアリティが全く湧かない。

実行委員長として運河問題の前面に躍り出ることに対しての不安はもう一つあった。運河を巡る「五者会談」はまさに佳境に入っている。佳境に入れば入るほど政治性は濃くなる。政治性が濃くなれば藤森さんのような圧力を受ける可能性も高まる。私の会社は一億そこその売り上げに対し、借金は一億もあった。圧力が少しでもかかればひとたまりもない。取締役専務としてそんなことできるのだろうか。

## 真実がそこにあるのにとまどう理由はない

若手を中心とした第五回、第六回の実行委員会では、第七回の実行委員長の選考も進んでいた。そこに創設組が大挙して乗り込んだものだから、第七回実行委員会の会議は紛糾した。私はあえて欠席した。

後日、吉岡から「石井さん、頼みがある。第七回実行委員長に立候補してほしいんだ。それで決まります」と電話があった。創設組による根回しは吉岡にも届いていた。

そらきたか――と思った。

べべのいう政治的緊迫感は十分すぎるほど理解していた。大人社会に対して若者が強烈なインパクトを与え、逆転可能な局面にまで社会的波紋を広げた。今年が天王山なのも理解できる。だからポート若者組の反発に耐える覚悟は持っても「会社の専務としてどうなのだ」という不安は消しがたかった。

いつまでも悩んでいられない。決断するしかない。やるか、やらないか――。

結論をいえば、次のように考えて決断した。

会社は苦しい。この苦しい会社は何の会社だ。印刷業だ。印刷業とは何だ？　それは情報産業だろう。では、情報とは何だ？

印刷業に携わって以来、情報への問題意識がいつもあった。そして自分なりに学んできた。そうした学びの中から、社会変革を起こす情報こそが最強の情報と思うにいたった。そして今、私は社会変革の震源にいる。情報発信の中枢に自分がいるということだ。

こう考えて印刷業の経営者である自分と社会運動の実践者である自分とが一致した。

そうだ、自分は新たな社会システムをプロデュースする側に立とう。社会をプロデュースする新たなビジネスモデルこそが私の会社の使命だ。

そう考えた瞬間から、自分一人のわがままと考えてきた私の活動が企業家の活動として正当性を持つと思えた。

「真実がそこにあるのに何を怖がる。僕は失敗など恐れない。もちろん死なども怖くない。真実を求めて一歩を踏み出す勇気がなければ公の人々を救えない」と言って黒船に小舟で向かった吉田松陰〈ＮＨＫ大河ドラマ『龍馬伝』〉。「おもしろきこともなきよをおもしろく」と都々逸（どどいつ）を謡いながら奇兵隊を創設した高杉晋作。彼らはまさに陽明学の徒であった。

真実を求めて行動に出れば、必ずあとに続く者が現れる。志はいつか実現すると信じた。こういう竹を割ったような知行合一の思想が陽明学だ。幕末の志士にあこがれていた私は陽明学を強く信奉してもいた。

陽明学は「公」に対し「私」は無であるべきだと言う。陽明学に照らせば、会社は社会を支える公器であり、ポートも社会変革を実現する公器である。「会社に圧力がかけられるのが怖い」「若者たちに反発されたら申し訳ない」と心配するのは、私個人の私的不安である。失敗、圧力、反発、災難、そんなものは全て私的心配だ。真実がそこにあるのに戸惑う理由は何もない。私的感情を捨て公的貢献のみを志せ――と教えられる。

私のもう一つの鏡となったのは坂本龍馬だった。武市半平太率いる土佐勤王党に加わって血判を押しながらも脱藩。勝海舟に出会って時代の真実を悟った。時代が見えない仲間達と共にするか、一人でも自分が確信した道を進むかの判断を迫られた時に、たった一人で時代の真実を取った。

とはいえ、決断は龍馬ほど潔くはない。

「燕雀（えんじゃく）いずくんぞ鴻鵠（こうこく）の志を知らんや」でいくしかないか――。

私的な理由は理由にならないか――。
言い訳は男を下げるか――。
つるしあげをくらうか――。
嫌われ者になるか――。
大人社会に一矢報いることができれば本望か――。
こうした自己問答を繰り返しながら、心は次第に実行委員長を受ける方向に傾き、ついには決断した。背水の陣。伸るか反るかの賭けだった。

## 第七代実行委員長

私は淡々と第七回ポートフェスティバル実行委員長に立候補した。吉岡の筋書き通り簡単に決した。しかし、新米スタッフから「俺達はただ利用されているだけ」と伏し目がちの発言があった。ポートフェスティバルには創設組と継承組との間には信頼があったから六回目も継続することができた。創設組が継承組を啓発し、継承組が新米組を啓発した。そして第七回を迎えたとき、創設組はいよいよ今年が運河問題の天下分け目、伸るか反るかの天王山と判断し、全力で事に当たるべきだと考えた。しかし、創設組が目指してきたポートの社会性は継承組に十分共有されていなかった。

山さんは「わからなければ知っている者に聞きに行け」と言ったものの、イベント準備のためそれぞれの役割に精一杯であったことも事実だ。山さんが言うように「問題意識がない」わけではなく、社会の期待に応えるための現場に精一杯にならざるを得なかったという方が正しい。現場で汗してきた継承組にすれば、抜き打ちの実行委員長人事に戸惑うのも当然といえた。

山さんが立ち上がった。

「おい、ちょっと待てよ。〝利用されている〟ってどういうことや。君らは今の緊迫した状況を知っとんのか。君らはみな仲がいい。それはいい。でも君らの会議はバランスとっとるだけで議論やない。バランスとは、去年アイツがそれをやったから今年はコイツだとか、去年赤にしたから今年は青をというレベルの内容を言うんや。つまり既存の枠の中での円満な順番を論じているのに過ぎんのやで。その枠は誰がつくるんや。僕らやないか。ちゃうか。僕らの中に利用する利用されるなんて差別を持ち込むな。僕らは志に向けて一つにならんとあかんやろ。

前例がないことも、前提が覆ることも充分あるのが生身の社会や。常に社会は変化しとるんや。なんの摩擦もなく全てのことが決められるなんてありえんのやで。綺麗事で生きていける人生なんてないんや。

あえて言えば、今の状況下では僕に最も情報が集中しとんのや。誰も僕のところに聞きにこないやないか。その情報に興味がないということは今の小樽に問題を感じてない証拠や。僕は君らが嫌いだからいっているんじゃない。好きだし、仲間だと思っているから言うんや。一人一人が自分の意志で状況を把握し、自ら悩んで意見を言う者もいなくなれば街は終わりや」

この演説で会議は鎮まった。すかさず格さんが「山さん。そこまで言うな」と止め、若手に向き直りムードを緩和させた。

「お前らももっと社会を、現実を見てくれよ。現実と戦う仲間が本当の仲間っつーんじゃねぇか。お前らが現場のことで精一杯なのは感謝もしているし、これまではそれで良かったよ。

でもな、今はその秩序を超える大きな波がそこまで迫っているのさ。だからもっと大きな視点でとらえてくれよ。俺達ポートは緊迫した状況下で、社会に認められ、たまたまそういう課題をもらったと思えばいい。だから全員協力して、石井を支えようぜ」

社会は目まぐるしく変化していた。あっと驚く「堤発言」、まさかの商工会議所首脳陣の翻意、待ってましたと小樽運河百人委員会設立、みごとな十万人署名の実現、さしこまれた市長リコール騒動、小樽博による攪乱、ついには横路知事による「五者会談」ときた。

本人が言うとおり山さんはこれら変化の核心にいた。そして創設組は山さんと情報を共有していたし、情勢をめぐっての議論も盛んに交わしていた。「だって俺らが蒔いた種だろ」と認識していたからだ。

もっとも創設組にしても、一年にも満たない期間でこれだけの激変あったのだから、状況把握や議論で精一杯だった。昨日皆にした話が今日には変わるかもしれないのだ。しかも、今日のようにメールやフェイスブックもない時代である。創設組はこういう状況下にいたし、継承組は現場を守ることに精一杯だったから、ポート内部はこの温度差で揺れた。創設組が先輩なのだから創設組にすべての責任があるということは否定しない。またこうなることが予想できるなら別な解決策もあったろう。もどかしいというしかない。

社会とはそういうものか。人の精一杯を上回る要求をしてくる。そして「もどかしさ」を置き土産にして去る。

## 準備は終わり、今が勝負だ

第七代実行委員長として、私は、それぞれの部長に若手を、そしてサブに創設組を当てた。ポートに対する認識の違いはひとまずおき、全員が持ち場に対して全力であたることが確認された。

人事の次は企画。運河をどのように保存し、どういう方向に再生させていくかを表現していくことが求められた。具体性もなく「ただ若者が元気に」では大人社会に一石は投じられない。運河問題は現在継続中の横路知事を調停役とした「五者会談」で、政治的決着がつけられるとする見方は関係者の認識に共通していた。その「五者会談」の最中に開催されるポートで「俺達は運河をこうしたいんだ」と具体的に表現をすることは極めて重要だった。

ここでハビタの一員で札幌で設計事務所を営んでいた梅原洋介（うめはらようすけ）さんがポートの企画に参画してくれた。後に梅原さんの登場は山さんや格さんの差し金だとわかったのだが、事前にわかっていたとしても「やっぱ山さん、格さんはすげぇや」と感心するおどけた実行委員長だった。

梅さんの企画の組み立ては厳しかった。いや厳し過ぎるともいえた。

「なんでそんなこともわからんのだ」

「そんなこと当たり前だろう」

「何を曖昧なこと言っているんだ」

とスパルタだった。

梅原さんは企画のコンセプトを「ウォーターフロント・コミュニティー」に置いた。親水性を持つ交流広場だ。運河を再生するのに相応しいと思えたから全面的に賛同した。

次に梅原さんが仕掛けたのはスポンサーだった。今までとスケールの違うインパクトある企画を打ち出すには多額の資金が必要になる。このためには企業から大型広告を引き出さなければならない。しかし、これには「ヒモつき」感を拭えないスタッフも多かった。これまでのポートは「手づくりの祭り」で、少額の広告を集め、タオル・Tシャツ販売をしてコツコツ稼ぎ、出店の場所代、骨董販売で賄ってきた。公的補助金は一切もらっていなかった。「自立していたイベントなのに、背伸びするから金が必要になる」と文句が出た。まして「ヒモつきはごめんだ」と沸いた。

結果的に格さんがこう話して納めた。

「何度も言うが、今年の政治的緊張状態を理解してほしい。だから過去六回の踏襲や馴れ合いを捨て、石井を実行委員長にして、梅原に企画を立ててもらったんだ。過去六年が準備だとすれば今年は勝負なんだ。緊急を要する今、踏襲だの馴れ合いだのにこだわらず〝俺たちにできる社会的発信を全てやる意識〟一本でいい。怖いのが赤字なら、俺が責任をとるから心配するな」

「ポートは準備期間を終えて勝負だ」と語る格さん。「小樽運河百人委員会は勝負をする社会組織だ」と語る山さん。「やっぱりすべてのシナリオは山さんと格さんの話し合いだったんだ」と私は思った。

## 控えた方がいいよ　危険だよ

ポートの実行委員長はさまざまな団体に挨拶にいかなければならない。次の小樽青年会議所理事長となる山本一博（やまもとかずひろ）氏に挨拶するため、私は山本氏が役員である北海道通信電設を興次郎と訪ねた。

地域の若者代表といえば青年会議所（ＪＣ）と相場は決まっている。ポートや運河保存で走り回っていた私も「君も青年会議所かい？」と何度も聞かれたものだ。ところが小樽の場合は異質だった。若者のイベントとしてマスコミに何度も取り上げられたポートに青年会議所は全く関わっていない。むしろ若者の本家（ＪＣ）を差し置いて軒先で暴れるポートを本家は快く思っていなかった。

酒一升を土産に持参し、挨拶を終えると、山本氏は、

「ねえ楽にしてよ。わざわざ挨拶なんていらないのにありがとうね。僕が酒を好きなこと分かっているみたいだね。君らは本当に頑張ってるよ。僕らに君らがやっているようなことできないし、ヒヤヒヤするけど（笑）、ちゃんと見て敬意を払ってるよ」とニコニコしながら気さくに語りかけてくれた。

裏表もなく侠気と優しさにあふれた先輩だった。ＪＣのポートに対する冷たい目線は我々も充分知っていた。だから山本氏の表裏のない優しさに心打たれた。こんな人が街を仕切ってくれたら、こんな小樽にはならなかったのにと思った。山本氏にお会いできたことは大いに勇気づけられた。

もちろん、すべてのＪＣ会員が山本氏のような方ばかりではない。

これより後、私より年上で、青年会議所の要職にいた人物から呼び止められ、「石井君、お前さんの会社、大丈夫か？　危ないという噂が流れてるぞ、こんなイベントなんかしていていいのか？」といわれた。

「その噂をつくって流してるのはあなたじゃないのですか？」

彼は顔を真っ赤にして「お前何を言ってるんだ。話にならん！」と散々な剣幕だった。

さらにこの五年後のことだが、私たちが仕掛けたまちづくりイベントの仲間で、私の会社にも出入りしていたＪＣ会員が、「最近よく石井さんのところに出入りしているようだけど、控えた方がいいよ。危険だよ」とあるＪＣ執行部から忠告されたという。その執行部とは私は一度も話をしたことがない。

かつて「守る会」の事務局長だった藤森さんに小樽経済界の長老は圧力を掛けたが、それと構造は同じである。違うのは圧力を掛けた側に力があるかどうかだ。私の場合は藤森さんよりも小さな会社であったが、すでにポートは社会的な認知を得ており、私はその主催者として知られていたため、正面切って「やめろ」とは言い難かった。だから隠れて妙な噂を広げることしかできなかったのだろう。

しかし、私の何が「危険」なのだろうか。一市民として地域を憂え、活動することのどこが危険か。運河保存をめぐる動きの中で、過去の馴れ合いに生きてきた人にとって想像もできない常識が芽生えてしまった。もしかするとこれまでの馴れ合いが崩れてしまうかもしれない、そんな恐れが私を「危険」とするのだろうか。自分で亡霊をこしらえ自ら恐れ、その亡霊に立ち向かう者を危険だという。そして「政治に口出しせずに真面目に商売に専念せよ」と自分を正当化する。おかしな話だ。そんな輩は無視すれば良い。

ここが不思議なのだが、私は経済界に対して「運河保存を訴えています」と旗幟鮮明にしたにも関わらず、仕事を干されることはなかった。経済界にもこんな私をおもしろがる経済人がいたからだろう。恐れを知らず社会に突進していったら、助け船を出す人々が現れたということだ。感謝してもしきれない。私の言葉に興味を示してくれたのは「うちの会社は別に小樽だけがお客さんではない」という会社がほとんどだった。

## 小樽博という妨害工作

実行委員長として会場となる運河周辺を挨拶に回った。運河沿いの食糧事務所の裏のアパートの一室を訪ねた際、まるで待ち受けていたかのようにどこかの組員らしき七人の男の出迎えを受けた。挨拶をするかしないかのうちに、

「今年は俺達も参加するぜ。上にも話がついてるんだ」とカマされた。私は極めて冷静に

「参加するとはどういうことですか」と聞いた。

「お前らの祭りの出店を仕切るってことよ」

「出店のことをおっしゃっているのですね。それなら秋川親分とちゃんと話し合って四つ角のみに出店することで合意しているはずですが」と返した。

「うるせぇ！　ガタガタいうな！」と凄んだので

「ガタガタ言ってるのはあなたじゃないですか。ちゃんと話をしましょう」

　私は一歩も退かなかった。しばらくごちゃごちゃとヤリトリが続いたが「これでは埒があかない」と私はとりあえず引き上げた。

　秋川親分には連絡を格さんがとってくれた。露店業は再編の最中であり、小樽に本拠を持たない勢力ではないかということだった。いわゆる傍系の鉄砲玉か、あるいは埋立派の圧力かとも思ったが、秋川親分了承の担保を得て「まあ、できるだけ誠意をもってもう一度交渉してきます」とあらためて一人で出かけた。ところがその部屋はもぬけの殻だった。キツネにつままれたような出来事だった。

　続いて会場の使用許可をいただくために道の土木現業所へ行った。すると、

「今年は駄目です。使えません」という。顔面蒼白とはこのことだ。

「なぜですか?」

「運河周辺はすでに小樽博実行委員会に貸すことになっています」

　なんたることだ——。

　小樽博は、昭和五九年六月十日から八月二十六日まで勝納埠頭とその周辺を会場に、小樽市・小樽商工会議所・北海道新聞社による共催で開催される地方博覧会である。この小樽博に対して我々ポートは賛成でも反対でもなかった。運河問題とは無関係な、行政側のデモンストレーション程度にしか考えていなかった。

「この博覧会は、いうなれば港湾開発型の博覧会である。独特のロマンを感じさせるポートタウン小樽のイメージ、そして北海道の窓としての特徴を、いかに演出するかがポイントだ」と企画をしたイ

ベント会社の乃村工藝社は難解な言い回しでそのねらいを伝えている。「港湾開発型の博覧会」とはいうものの、運河問題で混乱真っ盛りの中でのイベントだ。実に曖昧な企画に思われた。今思えば、この数年後に開催されていれば小樽が観光都市としてのデビューを飾るイベントになったことだろう。

この小樽博の主催者が使いもしない運河周辺を事前に借りていたのである。恒例のポートフェスティバルがあることを知ってのことだ。実に大人げないやり口だ。すなわち埋立派のポートへの圧力と断言できるだろう。

小樽博は代議士箕輪登氏が持ちかけた話が発端という。思えばこれまで埋立派は大人げない戦術を随分と積み重ねてきた。守る会事務局長への圧力と行使、同一テーブルでの話し合い拒否、議会での強行採決、署名簿の無視、問題解決前の工事着工、そしてポートフェスティバルへの圧力、公金を使用しての埋立派ビラ作成配布など数え上げればキリがない。

その後、何度も市役所に押しかけ、ポートの公共性を訴えて、何とか小樽博実行委員会からの又貸しの形で事なきを得たが、ここまでやるかとあきれた。

スポンサー獲得の困難、チンピラのいやがらせ、行政からの圧力など問題山積みの中、第七回の準備は続いた。日曜日に社会人ラグビーで汗を流していたが、これもやめた。連日行われた深夜に渡るポートの会議で、身体もボロボロになっていた。胃が痛んだ。

一方で私の会社は火の車だった。今にも倒れそうな経営状態を横目に「矢は放たれたんだ。走るしかない」と何度も言い聞かせた。社長である母もよくこの馬鹿息子を放し飼いにしたものだ。

会議が終わると、ファミレスで遅い食事を取るのにハビタの駒木さんがよく付き合ってくれた。梅原さんの意図を解説してくれ、今後の進め方について助言してくれた。さらに「困った時の格さん詣」とばかり、混乱すると格さんに整理してもらいに行った。

「石井なぁ、それはだなぁ、つまりこういうことなんだわな」と独特の節回しで問題の背景を解き明かし、「だからそうなることもあり得る」と説いてくれた。「あっそういうことか、ならこうすればいいですか」というと「そうよ、それでいいのよ」と背中を押してくれた。

マスコミは運河問題の動向を注視していた。この昭和五九年ほど、運河をテーマにした報道が全国に流れた年はない。北海道新聞のスクラップを見ても、報道はもちろん社説やコラムに至るまで運河づくめだ。北海道文化放送（ＵＨＢ）から一時間の特番を組みたいとオファーが来た。山さん格さんのネクタイ族を実行委員長にした狙いが当たったのだろうか。

中小企業の管理職で、ごく普通？　の生活をしている若者が街のことを考え、運動と活動に明け暮れている、これがニュースバリューだとディレクターは言う。昭和五九年は、高度成長から安定成長に入って暫くした時代だが、安定成長とは名ばかりで、構造不況業種が数え上げられる一方で高度成長の間に蓄えられた隠し財産が金融を押し上げ、バブルに向かおうとしていた時代だった。持つ者も持たざる者も条件反射のように金を求め、拝金主義なる言葉も流行していた。そんな中で構造不況業種である印刷屋の息子が金にもならないまちづくりなどに奔走することは全国に伝える価値があったということか。

ポートの会議風景はもちろん、実行委員長である私の仕事場の風景や私生活でトイレに向かう後姿にまでカメラが回った。

## 第七回ポートフェスティバル―ウオーターフロント・コミュニティ

昭和五九年七月七日と八日、第七回ポートが「ウオーターフロント・コミュニティ」をテーマに開催された。これに先立つ七月一日、事前ＰＲとして「運河を埋めるな」と大書したプラカードをかざして百五十人のスタッフが市内をパレードした。

出店は二百軒を超えた。この年は大きく五つにゾーニングした。工芸品を集めたクラフトゾーン、飲食を集めたグルメゾーン、骨董品や古着や古本を集めたノスタルジックゾーン、輸入品を集めたエキゾチックゾーン、流行品を集めたファッショナブルゾーンだ。港町のウォーターフロントならではの企画とゾーニングだった。

当初クラフトゾーンは元「小樽倉庫」を予定していたが、小樽市との交渉を重ねたが借りることができなかった。「不特定多数の出入りは防災上責任が持てない。同倉庫は貸す目的で所有したのではない」との理由だった。小樽倉庫（明治二七年築）は小樽市が小樽倉庫株式会社から昭和五七年に買収していたが、結果的に「老朽化し使用できる状態ではない」とされていた。

画期的だったのは北海道で初めての試みとしてレーザー光線をスクランブルさせ、幻想的な運河を演出したことだ。もう一つ話題になったのは「アート・コンプレックス・ロフト」だ。前野商店倉庫を会場にした映画祭である。

二日間の祭りへの来場人員は二十八万人に達し、小樽市民はもとより市外からも多くが運河に足を運び、運河問題の緊迫した空気を感じてくれた。

祭りは成功裏に終わった。「人事は尽くした」と感じた。これ以上でも以下でもない。二十二歳の春から二十九歳の夏まで八年間、体と心の大部分を運河問題に費やしてきた、我が青春の幕が降りた。若者組の代表であった大橋哲（第八回実行委員長）が握手を求めてきた。地獄で仏に会ったようにうれしかった。

明朝、会社の朝礼で社員に感謝を伝えてから現場に戻り、後かたづけをした。夕方までに全てが終わるとクタクタになって爆睡した。

決算では数百万円の赤字となった。しかしそれは公表されず、実行委員長の私も知らないうちに格さんが全て面倒をみてくれたことを後日知った。

行政手続きや既成事実の積み上げは埋立派が大きくリードしていたが、我々の目的であった「世論への浸透」は二十八万人ものポート来場者によって確実になった。ポート終了後、試験結果を待つ受験生のように気が気でなかった。世論の盛り上がりの度合いと「五者会談」の行方を見守った。

# 第10章 敗北と再起

## 無念の「横路裁定」

戦いは負けた。

昭和五九年八月十八日に開催された第四回「五者会談」で調停役の横路知事が「行政手続きに従って埋立ての作業を進める」と宣言し、この問題に政治的終止符を打った。

飯田構想をアレンジし、浅草橋から稲北までの運河山側半分を埋立て、そこに六車線の道路が通る計画で工事が開始される段取りとなった。そして、知事は「今後は小樽市の再開発を検討する『小樽市活性化委員会』を設置し、その議論の成果には資金的保証をする」と断言した。

保存派である我々も埋立派も、運河についての最終判断が五者会談を経て知事に託される（横路裁定）ことは共通した認識となっていた。「人事を尽くして天命を待つ」という格言の中で「人事は尽くした」感が充満していた。しかし知事が下した結論は道路が運河と市街地を分断するもの。我々が望んだものではなかったが、だからといって「では次はこういう方法で」と唱える者もいなかった。すでに「小樽運河百人委員会」としてできることはし、言うべきことは伝えていた。「次は道議会議員一人一人に根回ししていこう」「次は道民の声として署名を百万名集めよう」といった行動には発展しなかった。おそらく、それが成功したとしても、その頃には運河埋立は完成してるだろう。勝った側は勝つに相応しい活動をしていたということだろう。

八月二十四日は、小樽運河を守る会会長の峯山さんが「運河を守れなかった責任をとる」と辞任された。八月二十六日、小樽運河百人委員会は今後のあり方を問うアンケートを発送し、九月一日、解散を決定した。

「守る会」ではアンチ峯山グループが会の存続を主張して新会長を選任。「百人委」でもリコール推進派が解散を認めず、ともに組織存続を図ったが、いずれも社会的影響力は失っていった。

私は、峯山さんが辞任を表明した席と百人委員会解散の場に出席していたが、いずれも議論百出だった。むろん、私などが口を挟む智恵も余地もなく、多くは山さん、格さん、興次郎、そして結城先生などの論客による議論だった。峯山さん無き「守る会」、山さん無き「百人委員会」は存在しても意味がないとしか私は思っていなかった。

誰かが「責任は問われないか」と口にし、「敗軍の将兵を語らずだ」と誰かが応えた。

「我々の方針に共鳴した多くの市民の気持ちはどこへ行く」

この問いかけに、

「今となっては感謝と受け止めるしかないし、気持ちは市民個々の財産だ」

と応えた。いずれにしても辞任と解散によって責任を取ることは共通した。ただ大きな反省として、

「あそこまで多くの市民の賛同があったのに、なぜ敗北したのか」との疑問があった。

「そもそも勝てるからやるとか、負けるからやらない、という動機が俺たちにはなかっただろうよ」

「そうだ。純粋にあの景観を守り再生していったら、どんなにステキな街並みになるかってことしかなかった」

「その想像した風景は小樽にだけいたんじゃ、わからなかったよ」

「自分の生きている世界だけでは世界を語れない」

「峯山さんがよく言っていたように、それが動機となって学びながら運動してきたんだよな」

「経済を学んで観光論で武装し、歴史を学んで志で武装し、建築史を学んで小樽の特長が浮き掘りになった。地域と共に生きるライフスタイルを発見したから市民個人に寄り添う賛同も広がったんだ」

「負けた原因は権力ある者のみが既成事実を積み上げることができ、その事実がぬきさしならないところまで蓄積されたということじゃないか」

「いくら民衆が反対しても、そこに戦車や機関銃で威力を発揮されたら雲散霧消するのが当たり前だからな」

「一種の権力を笠に着た暴力かもな」

「既成事実と既成手続きという名の暴力だな」

「でも本当に勝つ術はなかったのかな」

「運河が半分残ったのだから勝ったという傍観者もいるぜ」

「いやいや、もしここに集まっている者の中に勝ったと思う者はいるか？　ほらみろ、いるはずがないんだ」

「俺たちは小樽を歴史的に育んだ港と市街地を、あのような道路計画で分断することだけは避けたかった」

「やはり敗北の最大に原因は政治力かもな」

「政治の世界は正義も侠気も若者の夢もなにもかもが歪んで攪拌され、ガラポンで落ちてくる玉は実に俗っぽいものになりがちだし」

「それは多分、その判断の中に利権や立場や欲得という俗さ加減が、さも当たり前のように口を開けているからだよ」

「でも政治しか地域の未来の旗振りをできないよな」

「そうだよ。俺たちはこの政治の学びが欠けていたのかもしれんぞ」

　こんな会話が止めどなく交わされた。私は呆然として聞いていた。すごい会話を聞かせてもらえたと感謝せずにいられなかった。

## 再起の場「小樽市活性化委員会」「小樽再生フォーラム」

昭和五九年十一月二十日、小樽商工会議所会議室で「小樽市活性化委員会」の設立総会が開催された。埋立派からは、小樽市長志村和雄氏、小樽市議会議長山吹政一氏、道道小樽臨港線早期完成促進期成会会長菅原春雄氏、保存派からは、小樽商工会議所会頭川合一成氏、同副会頭大野友暢氏、小樽観光協会会長佐藤公亮氏、元小樽運河を守る会会長峯山冨美氏、同企画部長石塚雅明氏、元小樽運河百人委員会代表代理山口保氏、小樽夢のまちづくり実行委員会会長佐々木興次郎氏、そして第七回ポートフェスティバル実行委員長の私が選出された。

座長には小樽商科大学学長藤井栄一氏、またオブザーバーとして同大久野光朗氏、同大篠崎恒夫氏、小樽青年会議所理事長山本一博氏、北海道公営企業管理者で五者会談の実務を担った新谷昌明氏が居並んだ。

目的を「運河、港湾地区を中心とした再開発による新しいまちづくりを推進する」こととした。活性化委員会の論議は以後二年間続く。「新しいまちづくり」の方向性として「観光振興」が当然のように議題に挙がった。

昭和六〇年二月二十二日、第四回目の議論の中で、菅原氏が突如議論に水を差すように「観光するほど落ちぶれていませんよ」と発言された。我々は「えっ!?」と絶句した。菅原氏こそが運河埋め立ての影の実力者と見ていたから、その彼が「なんと時代錯誤な物言いをするのか」と驚いた。

明らかに時代錯誤ではあるが、こういう大人が小樽には少なからずいたことも事実である。この観光への偏見は一九二〇年代の植民地観光に端を発しているらしい。持てる国の人々が持たざる国へ避暑観光に訪れ、持たざる国の人々を奴隷として使役したことが世界中に伝播した。ここから落ちぶれた地域の産業が観光とイメージされるようになった。

平成一〇年に小樽港開港百周年の節目を迎え、私はまったく別な角度からお手伝いすることとなった。小樽港開港百周年記念事業の会議に呼ばれ、出席していた約百名の港湾関係者に見知った顔が一人しかいないことに驚いた。そのとき、まざまざと「こういう人たちが港湾関係者で埋立派を構成していたのか」と感じた。「こんな小さな街でもあずかり知らない一群があるんだ」と思い直した記憶がある。「敵を知り己を知れば百戦危うからず」というが、改めて我々の運動は敵を知らなすぎたとも反省した。

活性化委員会が発足して間もなくの昭和五九年十二月七日、結城先生から次のような学習会等を軸とした提案がなされた。

『今後の活動方針と組織に関する私案』

運河問題を中心とした小樽市の都市計画をめぐる情況は、昨年以来、目まぐるしい展開を見せてきました。こうした中で、ご周知のように、十一月二十日に「小樽市活性化委員会」が正式発足し、これにより、今後、小樽市の「まちづくり」に係る諸問題は、好むと好まざるとにかかわらず、同委員会を主要な軸の一つとして展開せざるをえないもののように思われます。

同委員会の成立の背景には「今後のまちづくりに市民の声を反映させる」という、一部関係者の強い意向が存在したと言われておりますが、一方、同委員会の審議を通して、市民の声を反映した都市計画が策定されるという保証がどこにあるのか、という点に関してはきわめて曖昧な情況にあります。また「市民の声」というものも、現実には多種多様であろうと考えられます。

こうした現実をふまえ、私たち「小樽再生シンポジウム実行委員会」のメンバーは、今後の「市民参加のまちづくり」にとって……小樽市の現実や小樽市衰退の本質的要因を「知る」ことから始めなければならないと考え、それに寄与しうる活動のあり方につき話し合って参りました。


これを契機として「小樽再生フォーラム」準備会が昭和六〇年に発足する。

「小樽再生フォーラム」発起人は峯山冨美氏、篠崎恒夫氏（商大教授）、渡部智（わたなべさとる）氏（後市議会議員）、結城洋一郎氏（商大教授）そして中一夫である。翌昭和六一年、道新ホールで篠崎氏を議長にして正式に設立。再生フォーラム設立当時のようすを結城先生はこう振り返っている。

「この時の人選の趣旨は『守る会の穏健派』の再結集にあったから、多くの人に声をかけた。顧問に峯山、大野、松田氏、運営委員に小川原、キッコ、大橋（一弘）など。『強硬派』と見なされていたロアールの島崎さんにも役職を担当してもらった。初代事務局長に私、事務局次長に中さん、設立総会時の会員は約八十名。宴会出席者だけでも五十人近くいたと思う」

小樽運河保存運動を振り返ったとき私は自分なりに、ビジョン、世論、政治の仕組み、この三つに反省を抱いていた。すわなち「どういう小樽にするのか」「市民の意見をどのように引き出し生かすのか」「世論と政治の距離をどう縮めるのか」である。そこでビジョンは「小樽市活性化委員会」、世論は「小樽再生シンポジウム実行委員会」（小樽再生フォーラム）がそれぞれ担い、共に協力しながら政治の仕組みを改革していく、これからのまちづくり運動の枠組みをそうイメージした。

三角形の頂点にビジョンがあり、底辺に世論があるとすれば、世論とビジョンは有機的につながっていなければならない。世論の変化にビジョンも柔軟に対応して一体にならなければならないと思った。

それゆえ結城先生の「今後の活動方針と組織に関する私案」での指摘はもっともだと思った。そして活性化委員会に参加していた保存派も誰一人異論を唱えなかった。

小樽再生フォーラムが設立されたとき、山さん、興次郎、そして私も名を連ねさせてもらった。小樽再生フォーラムは「長橋なえぼ公園」への要望・提言、景観を無視したマンション建設に「深甚な配慮を」願う要望、「まちなみ見学会」「親と子のスケッチ会」「松前神楽保存」、出版制作事業『小樽の建築探訪』『小樽のたてもの散歩』など多彩な運動を行った。こうした運動の意義は今日も蓄積されている。

## 小樽市活性化委員会のけじめ

昭和六一年三月八日、道道小樽臨港線の運河部分工事完成を祝う開通式が運河色内川下の小広場で行われた。埋立か保存かを巡って揺れ続けた運河は、五七年十二月から埋め立て工事がスタート、全長一一四〇メートルのうち南側六五〇メートルの山側半分の埋立工事が完成し、昭和六一年三月に片側三車線の道道小樽臨港線として生まれ変わった。

これを受けて四月十九日、小樽商工会議所で開かれた小樽市活性化委員会では委員会から財団法人環境文化研究所に委託した「小樽運河港湾地域整備調査報告書」の原案が示された。これには整備の方向性として現行の六車線の他に「①四車線または二車線として石造倉庫側の歩道を広げる」「②同倉庫側に一車線のサービス道路を残しあとはアンダーパスにして跡地を水辺広場とする」の案も併記された。これに対して、菅原春雄期成会会長は「この①②を最終報告書に載せるのを認めることは活性化委員会として不適切」と不満を主張した。山さん、興次郎、峯山さんら旧保存派は「市街地と水辺を分断しているこの六車線道路をどうするか、委員会で話題になってきたという証明として報告書に残したい」「むしろ運河を掘り返すという選択肢が含まれていないことが不満なくらい」などと反論。最終的に、整備計画としてではなく、同委員会で出された意見を資料として報告書に盛り込む方向で妥協が図られた。

翌昭和六二年一月、小樽市活性化委員会の報告書として「交・遊・技・芸」をコンセプトする「小樽運河港湾地域整備活性化構想　ウオーターフロンティア21」が発表された。この構想を実現することによってこそ、我々活性化委員会の保存派は運河論争のけじめができると考え、ポートのスタッフたちに、この構想を説明した。敗北のショックが抜けきれない時期でもあり、第十回ポートの準備もあって意気消沈とまではいかないが、質問もまばらだったことを覚えている。そして我々は、この答申に基づいて小樽市と北海道が連携して実務に入るものと信じていた。

## リターンマッチ

昭和六二年は統一地方選挙の年である。運河保存運動が敗北に終わった原因のひとつに「政治的欠落」があるとして我々ポートスタッフは議論を重ねていた。そして次の市長選には「これまで運動の苦労と蓄積を理解し、新生小樽を新たな価値観で推進できる人を選ぼう」という想いが高まっていた。「議会決定を覆すことは行政の根幹に関わる」と市長が言い立ててきたことへの対応であり、私からすると運河問題三つの総括「ビジョン」「世論」「政治の仕組み」のなかの「政治の仕組み」への挑戦だった。

候補者は民意を実感できる「経済人」から出す方向で人選が進められ、小樽観光協会会長の佐藤公亮さんで一致した。面倒見の良い親分肌で、器の大きさと柔軟さに期待が持てたからだ。

昭和五〇年代の小樽には経済的自立を牽引するこれといった産業がなかった。そこに「叫児楼」「メリーゴーランド」「メリーズ・フィッシュ・マーケット」「海猫屋」などを皮切に歴史的建造物再利用モデルとして昭和五八年堺町に「北一硝子三号館」、昭和六〇年「さかい家」が開館し、新生運河が昭和六一年に竣工されたことを契機に、運河近郊の堺町が観光の中心ストリートとして開けていく。大型観光バスが何台も連ねて観光客が訪れ始めたのが、この選挙の時代背景である。「小樽は観光でいく」とした佐藤観光協会会長の方針は当を得ていた。

しかし、肝心なのは本人の意向だ。山さんと私は夜討ち朝掛けで、佐藤氏の会社や自宅に何度も押しかけ、説得工作を繰り返した。佐藤さんとの会話でこんな話を聞いた。

「私も小樽観光協会の会長に単純に推されたからなったというわけじゃないんだ。港湾業も卸売業も下降線になり、小樽の基幹産業と呼べるものがなくなったことは充分認識していたし、せめて食品加工業や金属加工業などの製造業が、卸売業衰退の影で地道に成果を上げているくらいなのも分かっている。あんたたちのお陰で、もしかしたら本当に観光産業が起こるのではないかと思いはじめていた。そして事実、北一硝子三号館には多くの観光客が入館し、誰もが北一の大きな紙袋を下げて出てくるのを、この目で見てきた。そんなときに観光協会会長に推され、小樽観光を真剣に推進しようと決意していた。

全国の地方と中央の格差が拡がる中で、いま小樽には観光産業が起きそうな恩恵が目の前に来ている。だからなんとしてでもコイツをちゃんとした産業にしなければと思ってるよ。かつて港湾商業都市で小樽は一大発展したけど、基幹産業を失って複合都市なんてごまかしはきかないとも思ってる。どの産業を以て小樽の牽引とすべきかといえば、私は観光しかないと断言してもいい。

しかしねぇ、だからといって小樽市長とは飛躍だよ」

我々は食い下がった。

「小樽の教育問題、高齢化対策、福祉、さらには議会など市長の仕事は山ほどあるのは我々も知っています。でも経済的方向が複合産業のままなら、下がる一方のバランスをとるだけで、負のスパイラルでしかありません。プラスに向けていく経済対策を進める上で、観光を牽引役とするのは同意見です。まず小樽をプラスに向けることこそ市長の最重要の仕事ではないのですか」

私も勢いに任せてこんな生意気なことを言ったのを覚えいている。

「最重要の仕事もしないで、細々とした行政実務に追われている場合じゃないと思います。だからそれを実感している民間の経済界からでなきゃいかんのです」

七〜八度もの直談判の末、とうとう佐藤氏は「芳川君が納得すれば出る」と言った。

佐藤氏は第十九代小樽青年会議理事長であり、佐藤氏が名前を挙げた芳川雅勝氏は昭和五四年に第二十五代小樽青年会議所理事長に就任した先輩後輩の間柄で、佐藤氏が理事長の際に側近として支えた盟友である。この条件を満たせば出馬を決意してくれるのかと、椅子から立ち上がろうとしたところ、新たな条件を付け加えた。

「今北海道副知事の新谷昌明氏が小樽市長に出馬するような噂が流れているが、それが本当ならば出馬できない」

北海道副知事の新谷昌明氏は小樽の出身。川合会頭らが粘り強く要請を繰り返していたが、本人は固持していたし可能性は薄いとされていた。

山さんと私は佐藤さんの条件を満たすため、今度は芳川氏を何度も訪ねた。「佐藤さんが出られるというなら私は協力しますよ。ただし条件は同じで、新谷さんが出なければですね」というところまでこぎ着けた。芳川さんから言質を取ると踵（きびす）を返して佐藤氏宅に向かった。そしてとうとう佐藤氏は「よし！　やる！」と膝を叩いて決断してくれた。

不思議なことだが、この時、山さんも私も特段の肩書きを持っていない。せいぜい山さんは元小樽運河百人委員会代表代理、私は元第七回ポートフェスティバル実行委員長というものに過ぎない。双方とも過去のものだし、直近の肩書きは共に小樽市活性化委員会委員。しかも佐藤氏と我々の接点も活性化委員会が初めてであった。

小樽にとって市長選びは最重要問題だ。そこに「佐藤さん、ぜひ立起（りっき）を」と肩書きのない山さんと私が説きにいったところで普通なら相手にされない。それなのに佐藤氏は決断してくれた。

「なぜご決断を？」と後年尋ねた。

「あんたたちがあまりにも熱心に何度も何度も訪ねてきたからだよ」と笑って答えてくれた。でも、それで本当に「やる」になるだろうか。

小樽運河論争の最終局面で小樽商工会議所の首脳陣が保存に翻意した。当時副会頭であった佐藤氏もその一人だった。小樽には、未来を担う若者の志を尊重する遺伝子のようなものがあるのかも知れない。薩摩の地下人に過ぎなかった西郷吉之助が若者頭に引き上げられたことから薩摩の維新が動き始めた。薩摩藩主島津斉彬はことさらに西郷を可愛がった。佐藤氏は島津斉彬のような目で小樽の若者を見ていたのだろうか。もっとも佐藤氏は青年会議所時代から人格を認められており、周辺から「市長に」との声が上がっていたとも聞く。だから私と山さんの働きかけだけが立候補表明の理由ではないと思っている。

いずれしろ条件が整い、ポートスタッフは市長選に向け臨戦態勢を整える段になった。

## 勝手連事務局長

昭和六二年一月、山さんと連絡をとっていた商工会議所副会頭大野友暢氏や元小樽運河を守る会会長の峯山さんらも加わり、「藪半」二階座敷で佐藤氏を担ぐ市長選の作戦会議が行われた。このメンバーが中心になって「佐藤氏を勝手に応援する会」(勝手連)を立ち上げ、存在感を示すことになった。そこまでは良かった。

ところがその席で、大野氏から、

「石井さん、あんた勝手連の事務局長として名を出してくれんか」と指名された。

「えっ！　私ですか…」

選挙はイベントと違う。あからさまな圧力が頭をよぎった。町長選挙で落選した候補の選対本部事務局長になったため、経営危機に陥った友人を知っている。経済活動や文化活動と異なり、政治が対象とするものは「権力」である。従う者には褒美があり、対抗する者には罰がある。そんなことは人間が政治を始めた古代から不変だ。

私は大野氏に「ちょっと待ってください」と言い、友人の例を話した。そして、「小樽でも、運河を守る会事務局長だった藤森さんに圧力がかかり、経営が追い込まれたと聞いています。たとえ大野さんの頼みとはいえ躊躇します」と正直に話した。

そして驚くべき自白が待っていた。

「あぁ、あれか。あれはな、私が藤森君のメインとしていた銀行の支店長に電話をしたんだ。当時小樽の経済界に長老会議なるものがあってねぇ、商売人なのに政治に口出しする藤森君を煙たがって、藤森君の会社から融資を依頼されても断るように銀行に根回しする仰せが、私に舞い降りたんだ。なぜ私かというと、小樽では中堅どころで銀行にも名が知れていたし、元気が良かったからだと思うよ。今だから言うが、あの圧力は事実だったんだ」

「えっ！　あなたが!?」

運河問題をタブーにした元凶がここにいる。驚天動地（きょうてんどうち）とはこのことだ。政治とはなんと不可解か。その元凶が今度は逆の立場としてここにいる。

ポートの実行委員長に指名された時以上に混乱した。大人社会に若者代表として名を出すのと、大人社会の喧嘩で片方の代表として名を出すのではレベルが違う。リアルな圧力の集中砲火は免れない。会社の命運を差し出す覚悟がなければ引き受けられたものではない。ポートなら若者が反発しても創設スタッフがカバーしてくれたが、会社であれば誰も手を差し伸べてくれない。間違えば小さな印刷会社など雲散霧消する。いやそもそも小樽にいられるかどうか。やっぱり条件が違い過ぎる。

こりゃいかん、と思った。とはいえ「自分ではなく○○さんを」という真似もできなかった。結局「一日時間をください」と返答を待ってもらった。一日時間をもらったところで逃げられるものでもないことはすぐに実感した。

翌々日、山さんに電話を入れ「俺やるよ」と告げた。

「そうか！　石井、すまんな」で話がまとまった。

翌日北海道新聞小樽市内版に「市長選に佐藤公亮氏をかつぐ勝手連（事務局長石井伸和）」との記事が出た。

勝手連は「わがまち小樽をつくる会」と正式に名乗りを挙げ、選挙運動の中枢を担った。ポートの会議は選対事務所に早変わりした。

大事なのは「なぜ経済界から？」「なぜ佐藤氏？」という有権者の疑問に対する答えだ。その内容が政治活動の基盤になる。佐藤氏に近い者だけにわかるような答えでは選挙戦にならない。

「観光こそ小樽起死回生の切り札だ。増え続ける観光客はその証である。だから市長には小樽観光協会会長として観光振興にビジョンと熱意を持つ佐藤氏なのだ」という訴えを選挙の中心に据えた。

「小樽には豊かな歴史景観があり、運河と同時にこれらを活かすことが観光ムーブメントになる」と訴えた。ちろん市長となれば福祉や教育文化についても公約を掲げなければならないが、まずは「経済界から、佐藤公亮を」と訴え続けようと決めた。

## 青天の霹靂

また敗れた。

昭和六二年三月、突如として「新谷昌明氏出馬」とニュースが流れた。努力はまた無に帰した。川合会頭の粘り勝ちだった。「新谷氏出馬となれば佐藤氏降りる」ことが佐藤氏出馬の前提条件であったため佐藤氏の取り止めを我々は飲まざるを得なかった。

佐藤氏の出馬が見送られたため、選挙グッズの印刷費を大野氏と佐藤氏に取り立に行った。まるで政治ゴロのような後始末だった。

我々の指導役であった大野氏のところに山さん、格さんと一緒に行った時、時既に遅しとはわかっていたが、私はあえて「佐藤さんが出ないのなら、大野さん、あなたが出て責任をとってください」と詰め寄った。

「いや、石井君、私は目も悪くなって体力もおちていてね」といわれたが、

「冗談じゃない！　私は会社の命運をかけて、役員に土下座までして、あなたとの義理を通したんだ。

昭和62年に作成された幻の勝手連チラシ

自分は〝私〟を引っ込めて〝公〟で相撲をとっているんだ。私的なことを言い訳にするのは理に合わない。私に事務局長を指名した大野さんが、いまさら吐いた唾を飲み込むのですか！」と啖呵を切った。が、

「石井、待てよ。そう言うな」と山さんと格さんが止めに入った。

「お前の言い分もわかるよ。でも佐藤さんが駄目なら大野さんという問題じゃないんだ」と諭された。この一言で「やっぱあかんか」と、振り上げた刀を鞘に収めた。こともあろうに商工会議所副会頭に対し、なんと生意気なことを言ってしまったかと驚いた。ただ後悔もしていない。

間もなく、会社に新谷選対から電話がきた。

「えっ！　もう圧力？」と疑心暗鬼で電話に出た。

「石井君、ちょっと来てくれないか」と電話の主は新谷選対の役員であった北海ホテルの竹内社長だった。圧力を覚悟して出かけた。

「新谷氏市長選に関わる一切の宣伝物を手伝ってくれ」

新谷氏が出馬したのも、新谷選対から仕事のオファーがきたのも青天の霹靂といわざるを得ない。ドンデンがえしからのドンデンがえし。目眩がしそうな展開に翻弄された。

仲間に相談した。「ちゃんとした仕事なんだから受けろ」で一致し、「小樽を一つにするために」オファーを受けた。過ぎたことにいつまでもこだわっていても仕方がない。引き受けるとなれば、自分が蓄積したマーケティングノウハウを駆使しようと思った。

自民党、公明党、社会党、地区労、小樽商工会議所の五団体が新谷氏推薦団体となった。以後長く

続いた小樽市長選挙の保革相乗りはここから始まった。十数年間に亘る運河攻防の疲れでもある。市長選挙前年に「狭い小樽を二分する時は過ぎた。小樽を一つにしてもっと大きなパイに挑戦しよう」をスローガンに「オタルサマーフェスティバル」が「潮まつり」と「ポートフェスティバル」をつなげる形で開催されたことも少なからず影響していた。

新谷選対事務所は小樽駅前の第一ビルに設置された。運河保存運動では我々と近い主張をしていたのが社会党だった。当時社会党(北教組)小樽支部の支部長をされていた石坂伸一氏から連絡があった。

私の叔母と石坂氏は桜陽高校時代の同窓であったこともあり、私は石坂氏と面識があった。石坂氏の温和な雰囲気も重なって、話し合いは気兼ねなく進められた。

「運河保存運動ではごくろうさんでしたね。我が方も応援していました。ところで選挙で新谷候補の公約を制作するにあたって、我が方としてはあなたがたの意見を尊重したいと思っている」といった相談だった。私は「えっ俺たちが？　公約を？」と思ったが、山さんは「当然」という顔をしていた。石坂氏の想いは「運河保存運動の議論は今後小樽に活かすべきだ」というものだった。

結果的に山さんと私が公約立案に加わった。選対執行部の保守派の中には、体制に異を唱える者として我々を白眼視する者があったし、現に我々もそういう偏見を持つ人々がいる実感を抱いていたので、三人が会うのはもっぱら塩谷の石坂氏の自邸だった。新谷氏の市長公約の文言一つ一つに石坂氏を通して我々の意図を反映させることができた。

「歴史的環境を活かすまちづくり」「市民の声を聞く行政」「観光振興に向けた諸政策の遂行」の三つを市長公約の柱にした。他の四団体である自民党・公明党・地区労・小樽商工会議所から異論も出なかった。今日の「マニフェスト」選挙とは異なり、この頃は自民党と社会党の保革が争う「五十五年体制」を地方も引きずっていたし、地方が独自に掲げる政策は限られていた。我々の想いを公約としてパンフレットやチラシに盛り込んでも、その文言が注目される時代ではなかった。

昭和六二年四月、新谷昌明氏は小樽市長に当選した。相乗りによって市議会はオール与党となった。しかしこの体制に「小樽が一つになる」真剣な姿勢、正当な世論反映システムや深い政策論議の場があればいいが、そうでなければ市長の独断、議会は無風になることが怖い。しかしこの昭和六二年段階ではその恐れをリアルに感じる感度は低かった。これで小樽は一つになって進めるかと思った。

## 反故

小樽市活性化委員会の答申は、保存派と埋立派が長年の対立を超え、新しい小樽をつくる――その一点でまとまり発表に漕ぎつけたものである。十数年にわたる小樽運河論争の帰着点と言ってもいい。

昭和五七年、小樽市は小樽倉庫を買収し、「小樽市クラフトセンター」として再利用する構想を打ち出し、山田藤夫（やまだふじお）小樽市経済部長、森川正一（もりかわまさかず）小樽商工会議所観光委員長、藤本哲哉北海道建築研究所所長、伊藤一郎伊藤染物店社長らからなる小委員会で具体的な構想を詰めていた。しかしこれは財政難で宙に浮いた形となってしまう。このことを知った活性化委員会は小樽観光ビジョンの牽引役として「小樽国際グラスアートセンター構想」を策定し、小樽倉庫をその場所に指定した。

昭和五八年に「北一硝子三号館」がオープンし、その幻想的な店内が多くの観光客を呼び込んでいた。いつしか小樽には「ガラスの街」というイメージが広がっていた。そこで、小樽のガラスにさらに付加価値をつけようと考え、「世界にも通じる第一級の技術とセンスを養うため、諸外国から指導者を呼び集め、技術と感性を学び・磨く場をつくろう」というのがそのコンセプトだ。そして「受講生の作品を展示販売し、彼らを中心に新たな硝子ムーブメントを世界中に発信していく機関」をつくることを目指した。これが「小樽国際グラスアートセンター」だ。いわばガラス工芸の国際的な学校を核とした産業クラスターの創造である。活性化委員会全員一致の構想だった。

活性化委員会は、都市計画研究において石塚さんと懇意だった環境文化研究所の前田博氏に「小樽国際グラスアートセンター構想」のコンサルテーションを委託し、我々の思いをその構想に盛り込んだ。

財政難で頓挫した小樽市の「小樽市クラフトセンター」と異なり「小樽国際グラスアートセンター」を打ち出した小樽市活性化委員会の答申には横路知事の資金的保証があり、構想実現に対して期待が集まっていた。

それなのに昭和六二年の秋になっても、小樽市にその答申を具体化する動きはまったく見えない。

「石井、新谷市長に確認にいくぞ！」と山さんに連れ出された。

新谷新市長はそもそも小樽出身であり、北海道公営企業管理者のポストにありながら小樽運河五者会談の事務局をまとめていた人物である。小樽市活性化委員会の思いも答申の重要性も熟知している。その新谷氏が答申を無視するとは思えない。

こうした背景を踏まえながら山さんは市長に迫った。

「一体いつになったら実施計画や運営の議論をするのか」

ところが新谷市長は「活性化委員会答申は机の引き出しの中にしっかりある」と言った後、何を言っているのかわからないモゾモゾを繰り返すだけである。

「これじゃ、埒があかない――」

山さんは思わず怒ってしまった。

「運河運動十数年の結晶として知事が予算措置を講じてまで活性化委員会を設け、二年も議論を続けて立案した計画を、あなたは反故にするのか」

市長の机を蹴飛ばすと、音と怒声に驚いた隣の秘書課から数人が駆け入ってきた。

「こんなことが許されるのか！」と声を張り上げて山さんは市長室を飛び出した。私はあわてて後を追った。

また敗れた――と思った。何度負ければいいのか。くやしくてたまらなかった。

「また戦略を練り直さにゃいかんな」

山さんの一言で別れ、私は山さんの背中を祈るように見送った。

平成元年、小樽市に移管された小樽倉庫は修復を終え、平成二年「小樽運河プラザ」として蘇った。運営は小樽観光協会に委託された。この倉庫を「小樽国際グラスアートセンター」にするとした活性化委員会案の答申は明確に反故にされた。

活性化委員会による「小樽国際グラスアートセンター」の構想が完成した昭和六一年三月、我々は横路知事に報告に出向いていた。概略説明の後、斉藤秘書官が「すでにこの計画には道として二十億円の予算がつけられています」と語ったことを覚えている。しかしこの二十億円は、平成二年開館の「運河プラザ」と平成八年開館の「小樽交通記念館」に使用されてしまった。なぜ活性化委員会の答申を新谷市長が反故にしたかは未だ謎である。

運動としての小樽運河保存は昭和五九年八月の五者会議における横路裁定によって終焉したが、エピローグは昭和六二年秋まで続いた。我々の運河保存運動はまさに連戦連敗の山だった。それでもネバーギブアップ。敗れる度に山さんはシナリオを書き直し、我々は何度も立ち上がって運動を継続してきた。しかし、その運動もこの時に完全に幕を下ろす。

第11章

# 運河保存運動が遺したもの

## 一千億円産業の誕生

私がポートにデビューしてから十年が経過した昭和六二年、ポートフェスティバルは若いスタッフの努力により十回目を迎えていた。我々はこの十年で何度も敗北を味わった。後始末でも肩すかしをくらった。政治のあてにならなさ、権力のしぶとさを見せつけられた。議論のありようと現実、世論のありようと現実、政治決定のありようと現実のギャップをまざまざと見せられた。

しかし、能天気な物言いかもしれないが、私自身は二十代から三十代にかけての十年間に、またとない経験を積ませていただいた。小樽再生、そのダイナミズムの核心的ポジションに居続けることのできた運命の巡り合わせに感謝してもしきれない。

好奇心でこの道なき道に迷い込み、理想と現実のギャップに正義感をたぎらせ、問題意識に換えて戦ってきた。悶々としつつも学んできた。

ダイナミズムの核心と書いたが、私自身が何かの決定をしたことはなく、決定に従っただけである。その決定すら十分に理解できたか、覚束ない。そう見ると、しょせん私は周辺でしかなかったのかもしれない。

「街とともに生きる」ライフワークは始まったばかりである。

けれどもこの時、観光など眼中になかった街に観光という現実を創造していく、もう一つの核心が芽を出しはじめていることを、まだ誰も予期していなかった。私自身が「小樽はこれから観光です」と多くの経営者に説いてきた張本人でありながらである。

ここに昭和五九年の横路裁定から数えて三十三年経過した時点で、埋立と保存の比較を提起したい。

小樽運河保存運動が契機となった小樽の観光産業は、平成一六年時点で千三百億円以上の自主売上げを計上し、小樽総生産額の三分の一の波及効果をもたらし、小樽の基幹産業と認知され、以後も交通、宿泊、飲食、土産、アミューズメントなどで毎年一千億円以上の観光売上げをあげている。

一方、運河の埋立事業の事業費には総額約百億円が数年で投下された。そこで総額百億円の拝み倒した公共事業と、年間一千億円を自主的に売り上げる観光事業、しかもこれまで三十年間続いたとするならば三兆円だ。どちらがよいのか、それは一目瞭然である。

埋立の公共事業でも一部の土木建設業者に金が落ち、そこから仕入れや雇用、といった経済効果を生むだろうが、観光はさらに裾野の広い産業である。地元からの仕入れ率は高く、観光ビジネスの起業率も高い。地域経済への貢献ではどう比較しても公共工事は観光の敵ではない。植民地経済といわれる北海道の中で、中央依存ではなく自立した経済支柱を打ち立てた事実は公共事業とは比べものにならない意義がある。我々の保存運動は結果的にそうした社会変革の波を起こした。運河保存運動は新たな価値創造の運動であり、経済的に言えば市場創造でもあった。

若者たちは高い丘の上に立ち青々とした広い海を見た。しかし古い秩序に慣れたものほど喫水線の近くに立ち「少ししか青い海が見えない」と呻く。立つ場所が違えば我々の主張する新たな価値創造など想像することすら難しい。

「それは金になるのか」「それはビジネスになるのか」という数字の尺度が成り立つためにも、その前に「それは価値を持つのか」という理念の議論がなければならない。行政が既存の制度にすがり、経済界が既存の投資効果にすがるより、「街をどうするのだ」という、既存にすがらずに済む視点を持ってほしかった。

「連戦連敗」は事実としてそうだった。が、その場その場の勝負の土俵ではなく、もっと深くもっと広い視点に立つと、小樽運河保存運動は年間一千億円以上の経済効果と、歴史的建造物再利用の文化運動を実現させた起点であったことを思えば、奇跡的な大勝利といっていい。

## 運河論争と小樽観光

観光という言葉は中国の古典『易教』に登場する「観国之光」という語句からきている。「諸国の自然や文物や制度を見聞し知見を広める」のだという。観光が今日のような産業として成立したのは一八世紀半ばに欧米で起こった産業革命以来。つまり余剰金を得る層の誕生と交通機関の誕生ゆえである。産業革命を経て欧米で帝国主義が隆盛し、弱小国を植民地化した。大型客船を使って持てる国が持たざる国に避暑や物見遊山に出かける現象が起きた。映画になった『タイタニック号』はロマンチックに描かれているが、まさにこういう時代のシンボルでもある。

こうした歴史から、観光は負けて落ちぶれてしまった国の産業といった偏見が広まった。表現は汚いが「観光なんぞは娼婦と同じで、体を貸してなんぼのもんだ」と言われこともある。古い世代の小樽財界人が観光に白い目を向けた背景の一つである。小樽商人は「出掛けて」営業する卸売業で発展したため、「待つ」営業をする観光をイメージしづらかった。観光の先入観にくわえて産業のギャップに小樽財界の多くは拒否反応を示した。

しかし、観光の由来も本質も「観国之光」である。同じ中国の古典『管子』の格言に「衣食足りて礼節を知る」がある。昭和二九年の朝鮮動乱特需を契機として昭和四八年のオイルショックまで続いた日本の高度経済成長期、この間、家庭にはテレビ・冷蔵庫・洗濯機の「三種の神器」が整い、わずかながら貯金も蓄えられた。「衣食足りて礼節を知る」通り、高度経済成長がもたらしたゆとりは、「今度、旅行でも」と礼節（心の豊かさ）を求めた。

昭和四〇年代から「カニ族」と呼ばれた若者旅行ブームが起こり、最果てを求めてリュックサックを背負った若者が多数北海道に訪れた。「カニ族」ブームが一段落すると、高度経済成長とともに女性の経済的地位が高まり、若い女性が旅行ブームの主役に躍り出た。彼女たちの情報源は昭和四五年創刊の『an・an』、昭和四六年創刊の『non・no』といった雑誌だったことから、これらの若い女性旅行者は「アンノン族」と呼ばれた。これら女性雑誌の創刊を待ち受けたように当時の国鉄による昭和四五年からキャンペーン「ディスカバー・ジャパン」が開花。「日本を発見し、自分自身を再発見する」と呼びかけ、多くの国民を捉えた。

このように日本に大規模な旅行ブームが訪れた頃、小樽では盛んに運河論争が繰り広げられていた。様々なメディアを通じて「これでもかこれでもか」と小樽運河問題が報道された。朝日新聞の連載特集「小樽運河」は昭和五三年八月から六回。昭和五七年二月からは「'82春小樽運河」が六回、昭和五八年十一月から「運河問題十年の歩み」が実に百四十八回続けられた。地元の北海道新聞も昭和四九年三月から特集「運河」を三十三回掲載した。北海道新聞は昭和五〇年二月〜昭和六一年十月まで間、運河問題をテーマにした報道記事を全道版で三百九十八本掲載し、十四本の社説を掲げた。市内版ではこの何倍にもなる。くわえて読売新聞、毎日新聞、日本経済新聞といった全国紙、今は廃刊になってしまった地元紙北海タイムスも繰り返し報道した。

新聞・テレビ・ラジオ・雑誌などに掲載された記事や特番などを広告料に換算すると優に五百億円を超えるといわれている。日本で国内観光のブームが起きるのと同時進行で、小樽運河問題が全国に紹介され、国民の多くに小樽運河がインプットされた。しかし、この頃、小樽の観光施設と言えば、昭和五八年堺町にオープンした北一硝子三号館しかなかった。

小樽運河論争の一応の終結となった昭和六一年小樽運河散策路完成の翌年、新たに市長となった新谷昌明氏は「小樽観光元年」を宣言した。小樽運河保存運動を契機に、以後小樽では様々なまちづくり運動が起こり、新装された小樽運河の周辺で歴史的建造物、古建築の観光への再活用が進んだ。こうして小樽は旅行形態として大型バスツアーのマスツーリズムの最先端をリードしていく。つまり十年に亘る小樽運河保存運動は、小樽観光化の背中を押すと同時に、様々なまちづくり運動の導火線となり、これらのまちづくり運動とシンクロナイズして観光投資がなされてきた。

小樽観光が始まる助走期を微細にみてみると、小樽観光が誕生する瞬間をとらえることができる。

北一硝子は昭和四〇年代に国道五号沿い稲穂一丁目に板硝子を扱う店を構えていたが、馬そりに洋燈をディスプレーとして店頭に飾っていた。この「レトロ」感覚にマスコミが反応し、昭和四八年以降『an・an』や『non・no』が紹介した。年輩者にとって洋燈は貧しい時分のシンボルで見るのも辛いといわれたが、若い女性にとってレトロ感はファッション的な魅力だった。そして時代は若い女性の社会進出が目覚ましかったから、レトロは観光ニーズを牽引するポジションに就いた。

また昭和五一年二月八日、テレビ番組の第一〇〇〇回東芝日曜劇場で、倉本聰原作『幻の町』が放映された。運河問題がまだ大きくなっていない時期である。ファンタジックな小樽の風景が高度経済成長を達した全国に発信された。特にラストシーンで、主役の笠智衆と田中絹代演じる老夫婦が手を繋いで、引き込み線のレールがある埠頭の倉庫と倉庫の間に立ち、海を背景とした二人の後ろ姿は全国の視聴者に感動を与えた。

高度経済成長によるスクラップ&ビルドで古い街並みが壊され、無機質なコンクリートビルディングを核とした街並みに全国が染まりつつあった時代である。

映画『男はつらいよ』の原作・監督である山田洋次氏もスクラップ&ビルドで消えていく情緒と街並みを憂えて、消失されていない街並みをロケ地に選んで四十八作を世に出した。昭和四五年の「望郷編」(五作目)と、昭和五〇年の「寅次郎相合傘」(十五作目)は小樽ロケである。こういった映画の影響もあって、「スクラップ&ビルドだけでいいのか」「資本の論理だけでいいのか」との反省が全国に芽生え始めるのが昭和五〇年代。

そこに「小樽運河報道」が起こり、契機として「馬そりに洋燈」のレトロな景観や、『幻の町』のファンタジック映像の潜在性が喚起され、「小樽へ行ってみたい」とのあこがれを生んだ。

そして昭和五八年以後、羽田モノレールで北一硝子の紙袋を持つ人々が当たり前に見られるようになる。叶児楼や海猫屋やメリーズ・フィッシュ・マーケット、メリーゴーランドで芽を出した歴史的建造物の再活用「小樽モデル」は、北一硝子三号館で観光として開花する。これらの現象が助走期である。

観光をビジネスとして見れば、高度経済成長の達成と国鉄の全国整備を背景に観光マーケティングが目を覚ましたとき、小樽では運河問題を通して観光ブランディングが議論されていたことになる。

運河の整備が終わると、運河に近く歴史的建造物が密集していた堺町通りと運河沿いの倉庫街に「小樽モデル」が移植され、運河から歩いて散策できる堺町通りと南運河沿いが小樽の観光拠点になっていくのである。この段階で小樽の徒歩圏周遊観光が形成された。

また小樽運河保存運動が観光を喚起したもう一つの論拠として、運河論議から歴史的建造物の動態保存といった、観光の小樽スタイルが形成される。古くて価値あるものの多くは博物館や記念館に静態保存されるのが常であったが、小樽の歴史的建造物再利用は日常の経済活動や文化活動で使われている動態保存なのである。これは補修しながら使い「続ける」現在進行形であることから、「まちづくり」の「つくりつつある」といった現在進行形に重なる。したがってこの歴史的建造物の動態保存を以て「まちづくり観光の」論拠とされている。

「小樽モデル」が広がる一方で、その分母となる歴史的建造物は、平成四年には二千三百五十七棟（日本建築学会調査）あったが、平成二四年には千百七十八棟（歴史文化研究所追跡調査）となり、五十パーセント以上がなくなり、以後も解体が加速しているのが現状だ。

不特定多数が来場する観光施設は、それぞれの物件規模によって耐震などの安全要件が建築基準法で定められている。平成二七年二月現在でも、空き家になっている大型の歴史的建造物も目立ち、厳しい建築基準法をクリアするため費用対効果の判断で再利用が断念されるケースも増えている。小規模なカフェ、工房、住宅になると様相が異なる。百平方メートルを超える規模の場合は用途変更手続きや、建築確認申請をしなければならないが、それ以下の建物では、構造部分の柱を半分以上取替える必要があるものの、ある程度は自由に改築して使える。

平成二七年現在、全国的な人口減少に伴い、中央と地方の格差拡大が大きな社会問題となり、小樽市や小樽商工会議所においても人口減対策の委員会が立ち上げられたが、こういう現状とは裏腹に、「生活ガイド」による「2012住みたい街ランキング調査」では、小樽が十七位にランクされるほど全国的にも注目を集めている。歴史文化研究所の平成二四年の東京圏六十五歳以上二百人アンケート調査では、移住先として小樽に五十八パーセントも興味を寄せている。現役世代は別として、退職後に「自分らしい人生を過ごすために」移住する需要が顕在化している証と見ることができる。

一方、平成二八年、二九年に小樽市企画政策室が募集した「移住・起業体験ツアー」参加者が、三十〜四十代ばかりだったことは、六十五歳以上の高齢者よりむしろ生産年齢層こそが、仕事と居住を小樽に求めていることが明らかになった。

したがって「小樽モデル」がこれまでの観光施設再利用から、カフェ、工房、宿泊施設、住宅としての再利用に向けた促進剤を、官民協働で手当てしていくなら、さらなる小樽固有の文化や経済から波及して、地域と共に生きるライフスタイルの発展に向けて大きな可能性を秘めている。

以上が小樽観光ブランディングの概略である。一方マーケティング市場での最大の立役者は、電車や自動車を利用して四十分前後で移動できる隣の大都市札幌圏の人々であった。

札幌は極度にスクラップ&ビルドを推し進めた結果、往年の街並みをほとんど失ったため、札幌人にとって小樽は失われた良き時代を思い起こす郷愁の地となった。彼らは幾度となく小樽を訪れ、小樽観光にとって何度も来てくれる重要なリピーターになっていく。平成六年の観光動向調査では、観光入込数の約半分がリピーターで、その過半数が札幌圏からとの結果が確認されている。隣に大消費圏札幌を持つことは観光都市としての急成長を促す一方、宿泊率が伸びないデメリットも同時に孕んではいたが、札幌圏の人々がリピーターとなってきたことを見逃してはならない。

平成二七年、小樽観光は約三十年経て、紛れもなく全国区の観光地になった。ちなみに平成二五年度の観光客入込数は七百十万人と記録されているが、そのうちの約半分近くが札幌圏のリピーターとみていい。この数字は実に札幌圏から多くの人々が常に訪れてくれる固定層になっているおかげといえる。この札幌圏が初期から今日に至るまでの観光客の分母であり骨格となっている。

また札幌圏以外の道内客は「安近短観光」の行き先として小樽を選び、道外客は「せっかく北海道へ行くのなら」として小樽を選んでくれる。いずれも高度経済成長を振り返る意識の中に、様々な媒体を通して、次から次へと小樽の新たな歴史的建造物再利用観光施設のセピア色の映像が心に付着した結果だ。「ファンタジーだね」「レトロだね」「スローだね」「ヒストリーが生きているね」と動機づけられたといえる。

つまり、子どもがアニメから希望を得るように、使い捨て時代に成長した大人が捨ててはいけなかった希望を小樽に拾いに来ているのだ。

さらに海外客には、全国でも北海道は一番人気があるのは周知だが、数泊の周遊の最大人気はゴールデンコースといわれる道央圏だ。西武の堤兄弟が目を付けられたコースである。千歳に降り立ち、洗練された商品が集積される札幌、大自然を満喫できる洞爺湖、登別、定山渓などの温泉地、新鮮な農産品を味わえるニセコ、新鮮な海産品を味わえる積丹、これらの周遊コースに小樽が地理上入っているからだ。小樽を歩けば「えっ！これ何の建物？」と興味を惹き、建物内部に入ってはじめて売り物を知る。増えつつある海外客の中には、これだけで小樽観光リピーターになる者も増えている。

以上が小樽観光マーケティングの概略であるが、お気づきの通り、小樽の観光施設や関係機関自身はあまり努力をしていない。だからマーケティングというよりマーケットリサーチの結果という方が正しい。

## 七十二のまちづくり運動

平成一〇年以降、小樽観光は「まちづくり観光」といわれるようになる。小樽の運河保存運動以降のまちづくり運動を辿ってみると、平成二二年まで七十二ものまちづくり活動を数えることができる。それらは観光振興だけを目的にしたものではないが、結果的に小樽の観光資源の発掘・錬磨に貢献してきた。小樽運河保存運動に刺激された小樽の人々が、今度は運河保存運動以外のまちづくり運動をすることにより観光に多大な影響を与えてきたかたちになる。これが「小樽観光はまちづくり観光」といわれる所以である。既述したように小樽独自の、古いものを活かし続ける現在進行形のまちづくり運動という特徴も起因している。

以下にまちづくり運動を列挙する。この七十二のまちづくり運動で明確に解散宣言をしていないものが五十二もあり、この数は全国的にも突出している。

01. 小樽運河を守る会「運河の保存」1973〜1984
02. ポートフェスティバルインオタル実行委員会「運河周辺のポテンシャリティを表現」1978〜1994
03. 小樽青年会議所「歩こう。見よう。小樽ふるさとへの路。」1979〜1992
04. 小樽ルネサンス21「新産業革命」1982〜
05. 小樽市民会議「行政と民間の橋渡し」1982〜
06. 小樽国際音楽祭「国際的なクラシック音楽の祭典」1985〜2005
07. 小樽天狗山まつり「天狗山の活性化」1986〜
08. 小樽ウィンターフェスティバル「冬の祭典」1985〜1997
09. 小樽再生フォーラム「運河保存の精神継承」1985〜
10. オタルサマーフェスティバル実行委員会「銀行街のポテンシャリティを表現」1986〜1994
11. 能に親しむ会「岡崎家能舞台と能の復興」1986〜2006
12. 小樽ワインカーニバル「ワインによるまちづくり」1987〜
13. 後志群族秋の収穫祭DOSA実行委員会「後志地域の独自性による活性化」1989〜1993
14. 小樽運河ロードドレース「健康増進」1989〜
15. 小樽いか電まつり実行委員会「手宮地区の活性化」1990〜2011

16．なんたる地域振興実行委員会「南小樽地区の活性化」１９９０〜１９９６
17．松前神楽保存小樽後援会「伝統芸能の維持」１９９２〜
18．小樽職人の会「職人技術の復興」１９９２〜
19．小樽東海岸よろしく見本市「銭函誘致企業と地場企業との交流」１９９２
20．小樽フロンティア21「北海道鉄道発祥の意義の普及」１９９３〜
21．北海道中小企業家同友会小樽支部青年経営者懇談会「小樽の歴史小冊子」１９９３
22．後志建設事業協会フォーラムと未来塾「後志のまちづくり家育成」１９９４〜
23．小樽塾「商都小樽の復活」１９９５〜
24．小樽灯りの市「硝子のまちづくり」１９９６〜２０１０
25．北海道開拓鉄道協議会「小樽交通記念館開館セレモニー」１９９６
26．小樽まちづくり協議会「旧手宮線の活用」１９９６〜
27．小樽観光誘致促進協議会「観光の振興」１９９８〜２００７
28．小樽雪あかりの路実行委員会「冬の風物詩」１９９８〜
29．廣井勇・伊藤長右衛門胸像帰還実行委員会「歴史偉人の顕彰」１９９９
30．音座なまらいぶ小樽「バンド活性化」１９９９〜
31．小樽・鉄路・写真展「写真と手宮線によるまちづくり」２０００〜
32．ＮＰＯ法人潮騒の街おたる「水辺を生かしたまちづくり」２００１〜
33．内山賞の会「後志のまちづくり支援」２００１〜

34. 後志飲食祭「後志の食文化発掘」2001〜2002
35. NPO法人ゆらぎの里づくり協会「朝里地区のまちづくり」2001〜
36. NPO法人北海道職人義塾大学校「職人技術の伝承」2001〜
37. 小樽鉄道写真展「露天会場による写真展」2001〜
38. NPO法人小樽トラスト「歴史と文化のまちづくり」2002〜
39. NPO法人小樽・朝里のまちづくりの会「朝里地区の活性化」2002〜
40. 小樽観光ガイドクラブ「観光ガイド」2002〜
41. 小樽おもてなしボランティアの会「観光ガイド」2002〜
42. 後志フードフェスティバル「後志の農業と料理人による地産地消」2003〜
43. 小樽はしご酒大会「夜の花園活性化」2003〜
44. NPO法人歴史文化研究所「歴史を未来の資源に」2004
45. おたる浅草橋サマーフェスティバル実行委員会「市民と運河の関係強化」2004〜
46. 舫実行委員会「港の活性化」2005〜
47. 後志鰊街道普及実行委員会「後志広域観光プログラム」2005〜2007
48. 小樽教育旅行誘致促進実行委員会「教育観光プログラム」2005〜
49. 小樽さくら祭り「花園銀座街夜の活性化」2005〜
50. 後志・小樽ハエヌキ音楽祭実行委員会「北海道サウンド創出」2006〜
51. 後志収穫祭「地産地消促進」2006〜

52．小樽観光大学校「観光人材育成」２００６〜
53．北海道中小企業家同友会しりべし・小樽支部「地域貢献型ビジネスモデル創造」２００７〜
54．榎本武揚没後百周年記念小樽実行委員会「歴史の顕彰」２００７〜
55．北海道千年の森プロジェクト「小樽の主木であるミズナラなどの広葉樹を植林」２００７〜
56．小樽祝津にしん祭実行委員会「鰊を素材にした文化経済の活性化」２００８〜
57．小樽ワークス「坂牛邸の再生とアートなまちづくり」２００８〜
58．旧岡崎家能舞台を生かす会「能舞台利用促進と再建」２００７〜
59．祝津たなげ会「祝津の活性化」２００８〜
60．小樽遊幻夜会「振興芸術と和の文化」２００８〜
61．ＮＰＯ法人北海道鉄道文化保存会「鉄道文化のまちづくり」２００８〜
62．小樽産しゃこ祭（小樽観光協会）「小樽産しゃこの付加価値」２００５〜
63．ＮＰＯ法人歴史文化研究所小樽學刊行「小樽自立コンテンツ」２００９〜
64．現代版北前船プロジェクト「北前船ビジネスモデルから地域間交流」２００９〜
65．小樽伝統文化の会「伝統文化のまちづくり」２００９〜
66．小樽浅草橋オールデイズナイト「オールデイズナンバーとまちづくり」２００９〜
67．小樽がらす市「手宮線と硝子のまちづくり」２００９〜
68．手宮公園桜再生プロジェクト「桜の保守」２０１０〜
69．北海道ジャズ「ジャズとまちづくり」２０１０〜

70. 堺町にぎわいづくり協議会「堺町活性化と浴衣文化促進」２００９〜
71. 小樽ロングクリスマス（小樽観光協会）「冬場観光活性化」２０１０〜
72. 小樽ＡＫＹプロジェクト48「あんかけ焼きそば普及」２０１０〜

まちづくり運動を担ってきたのは小樽のまちづくり運動家である。彼らの圧倒的多数は観光産業とは直接関係のない職業に就いている。一方、小樽で観光施設を営む約八割は市外資本である。極論すれば、まちづくり運動を進める人々には観光の恩恵が直接ないのに、営業行為に専念する観光業者、それも外様資本がその恩恵を一身に受けている構図になる。

この構図は、小樽運河保存運動でも同様だった。保存運動が盛り上がれば上がるほど運河の価値は上がった。結果的に運河周辺の不動産価値が何倍にもなった。すると運河埋め立てを推進してきた中核部隊であった倉庫業者にとっては、運河周辺に有する資産の価値が向上するという実に幸運な巡り合わせとなった。かつて空前の繁栄を謳歌した小樽の倉庫業は、近代港湾の進化に対応できずにいた。港湾荷役の主役はコンテナ輸送に移り、担い手は広大な平坦地を持つ苫小牧に移行していく背景の出来事だ。ちなみに平成二〇年の外貿コンテナ取扱量を比較すると、苫小牧が北海道全体の六十九パーセントに対し小樽は三パーセントでしかない。つまり倉庫業ではもう食ってはいけないところに、食っていける付加価値を小樽運河保存運動は提供したことになる。いわゆる倉庫業から地価上昇による不動産業への転身である。倉庫をレストランやショップに再活用する「小樽モデル」によって、別な食い扶持を得ることができるようになった。

実に妙だが、我々運河保存派は、我々と鋭く対立した運河埋立派の資産を創出するために十年間を無償で走り回ったと言えなくもない。そして以後のまちづくり運動家は観光投資する外資施設の利益のために無償で走り回ったと言えなくもない。むしろ、運河保存運動で運河周辺の価値が上がり、後に開始された「サマーフェスティバル」で銀行街の価値が上がり、「小樽雪あかりの路」で旧手宮線の価値が上がっている。まちづくり運動によって座布団を敷いた場所に観光経済がちゃっかり座っていることになる。

苦笑したくなるがまあいい。小樽が活性化するならそれでいい。誰もが想像だにしていなかった観光産業が興った奇跡と成果こそ、我々は大事にしたいし、それよりもまちづくり運動は市民世論による公共事業だと見る発想こそが大事だ。

お金のかからないまちづくり運動のおかげで、民間事業が繁栄する法則を見いだしたことになるだろう。運河を埋め立てる政治的公共事業の効果と、運河を保存再生させて観光を推進する市民の公共事業の効果と、どちらに経済効果があったかについては歴史が一目瞭然に証明している。しかも経済効果ばかりでなく、運河保存再生には文化的効果まで付随する。

小樽運河保存運動で道なき道を切り開いてきた人々を「志民」といい、まちづくり運動の成果がたとえ外資に吸い寄せられたにしても、小樽全体の底上げにつながっているなら「よし」とする心も「志民」と考えている。現在小樽に生きている人々は百年後にはいない。この人事総入れ替えの過程で、移住者も外来者も「志民」の存在に思いを致すことを願うばかりである。

# おわりに

人間の行いは「政治」「経済」「文化」に大別されるとしよう。「これは政治的判断だ」「これは経済的志向だ」「これは文化的特徴だ」など、どなたもこの三つの区分を解釈に用いているはずだ。では、まちづくり運動はこれらとどういう関係にあるのか。

一言でいうならまちづくり運動とは「地域の自立」を目的とした「考え方」である。地域の自立志向を既存の政治・経済・文化にどう浸透させていくかである。つまり地域として「自立した政治」「自立した経済」「自立した文化」を考え推進するのがまちづくり運動ということになる。

小樽運河保存運動は小樽の経済と文化の自立に向けて大きく貢献した。経済では小樽の基幹産業にまで昇格した観光産業を生む契機となったばかりか、このときの保存運動の影響を受けて、多くのまちづくり運動が起こり、小樽観光を結果的に育成してきた。文化では歴史的遺構を再利用することを以て、現在進行形の動態保存という、小樽らしい文化に育てる契機となった。一地域にとっては、なんと大きな影響を与えてきたかと思う。

ところが政治だけは未だに国政の末端作用に終始し、「自立」の認識や方向性の提案などは皆無に近い。政治の基本となる「世論」を置き去りにしてきた結果だ。また「自立した政治」を地方が志向すれば当然、立法の課題が持ちあがる。これまでは、行政から提起された政策原案を、ただアリバイ的に形式的な質疑応答で議論の真似事をするだけで、地方議会が担うべき入口と出口、つまり世論を収集し議論する入口と、議論した結果を政策化し条例化する出口が見えていない。現行の法律の網の目をくぐってでも、地域の政治の正しいありようを模索してもいいはずだ。「真実がそこにあるなら」の心意気が、蟻の一穴で、法律改正に動かぬとも限らない。大きな池に小石が落ちただけでも波紋は全体に拡がる。

さて小樽運河保存運動が始まって四十年、終結してから三十年が経った。今後は、「自立した経済」「自立した文化」をさらに磨きつつ、「自立した政治」への運動も必要だと感じている。せっかく「自立した経済」「自立した文化」に向けて「世論」が形成されてきたにもかかわらず、「自立した政治」への浸透がないばかりに、小樽運河保存運動は局面的に敗北したし、今もそんな認識が強い。むしろ以後の小樽は、経済合理性の潮流に流されて運河論争のエッセンスまで闇に葬られるのではないかと危機感を抱いている。

「自立した政治」とは、中央官僚からは「地方分権」で権利を分けてやる意味になり、地方からは「地方主権」で権利を奪う意味だろう。平成二九年の今日もなお、中央から地方に「権限と財源」を奪う意識が地方公務員にあるとは思っていない。公務員の場合、生活に不自由するほど給与が減額されることはない。まず地方で生きる民間が都市と地方の経済格差の火の粉を全身で浴びる。

収入の格差拡大によって、地方では食っていけなくなり、仕事を求めて都市に行かなければならなくなる。小樽でまちづくり運動が盛んなのは、経済の急激な衰退を反映しているともいえる。まちづくり運動は余裕があるから行うのではなく、余裕がなくなってきた現場の人々が公的に地域経済や地域文化を考える意思の表れだと思っている。経済格差は死活問題であるが、かといって個々人の努力ではそう簡単に挽回できないから、小樽全体のありようにも対策を講じなければならないと憂えるからだといえる。「市民はうるさくてウザイ」と小樽の公務員が感じているとも聞くが、時間の差はあっても、地方では官民一蓮托生（いちれんたくしょう）であることは間違いない。

地方が中央から「権限と財源」を奪うとはどういうことなのだろう。地方が黙ったまま棚からぼた餅の如く中央が分権してくれるはずがない。集権から分権への判断は政治の判断だが、戦後七十年近くもウマクやってきた省益を、中央官僚がそう簡単に手放さないから、これにもかなりの時間がかかる。だから地方の自立は「奪う」ほどの積極的な意思がなければ、いつまでも絵に描いた餅でしかない。中央で政治家が強権を発動し、地方で官民一体となって権限・財源移譲を叫ぶ両面改革がどうしても必要になる。

「日本はどういう国を目指すのか」というビジョンをグローバルな視点で政治家は立てなければいけないし、「小樽はどういう地方を目指すのか」というビジョンを同じくグローバルな視点で地方議員も地方官民も一緒に立てなければいけない。その上で、国の仕事と地方の仕事の事業仕分けをし、財源フローを講じることを、今から始めなければいけないのではないか。

そのためにも地方自治体は、官民協働の考えのもとに、公務を可能な限りＮＰＯ法人などの民間に委託し、準公務なる領域をつくり、公務としての義務とマニュアルを整備すればいい。こうして身軽になることにより、中央に権限・財源移譲を強く要求することができる。

でもそんな大言壮語を語っても、地方ではますます余裕がなくなっているし、「今までの延長で少しでも」というのが大勢の実感だから、地方はおろか、国のことまで思うのは不可能なのだろうか。私はもっともっと勉強したいと思っている。国の仕事と地方の仕事の仕組み、財源フローの仕組みなどを専門家から学び、分権の可能性を探すと同時に、小樽が仲良くそれぞれの立場を認め合い、変えるもの、変えてはいけないもの、限られた条件でできる重点政策と協力体制、そしてなによりも「世界に誇り得る小樽とは」を多くの人々と議論したいと願っている。

昭和の終わりから平成の始まりにおいて、明治からの日本の中央集権が完成を迎える時期に、小樽から運河報道が幾度となく発信されたが、それは政治的に今でいう「地方分権」「地方主権」の先兵であったといえる。だからジャーナリズムは踊った。そもそもは、冒頭で触れた藤森茂男氏の言う「デジナーレ」である。つまり地域の総合的・社会的なデザイン視点である。小樽は小樽の総合的・社会的デザインをつくろうとしたのだ。

フォークの神様と呼ばれた岡林信康は「私たちの望むものは　社会のための私ではなく　私たちのための社会なのだ」と戦争を正当化する旧体制に異議を覚え、その対案を一人の人間の視点で歌った。これに沿えば「私たちの望むものは　これまでの小樽のための私ではなく　これからを展望する私たちのための小樽なのだ」だと思う。個の中に公を思う「志民」もちゃんといるのだ。

二一世紀に入り、先進七ヶ国の七億人が数百年に亘って独占してきた地球資源を、今日ではその六倍もの人口が奪い合う時代に入っている。ゆえに成長一辺倒の価値観から成熟社会へ転換すべきとの警鐘が鳴らされている。そして成熟の主体は個々人にある。個々人の新たなライフスタイルやライフワークからしか常識は変えられない。そんな中であらためて小樽を思うとき、やはり世界に誇りうるダイナミズムに富んだまちづくりを産み出したいとしみじみ感じている。

※本稿は、昭和五三年から六二年までの十年間を題材としている。筆者自身のまちづくり運動は、ここに記された連戦連敗の歴史で終わっていいとも思っていない。まして筆者としては緒に就いたばかりのまちづくり運動でもあったから、あえて「第一巻」とした。したがって第二巻も現在とりかかっている。無論、今も筆者自身のまちづくり運動を継続しながらである。この十年間で蒔かれた種が、まちづくり視点から見て、以後どのように育くまれてきたかを記述し続けたいと思う。

【参考文献】

『地域に生きる』 峯山冨美著
『小樽運河保存の運動 歴史編』 小樽運河問題を考える会編 小樽運河保存の運動刊行会
『小樽運河研究講座』 小樽運河研究講座実行委員会
『環境文化』 環境文化研究所
『小樽の建築探訪』 小樽再生フォーラム編 北海道新聞社発行
『小樽歴史年表』 渡辺真吾著 歴史文化研究所編
『ふぃえすた小樽』 夢のまちづくり実行委員会
『小樽學』 歴史文化研究所編

## 【著者プロフィール】

石井伸和（いしい　のぶかず）

昭和31年（1956）小樽生まれ
昭和49年（1974）小樽桜陽高校卒業
昭和53年（1978）龍谷大学経済学部卒業
昭和53年（1978）株式会社ほるぷ入社
昭和54年（1979）株式会社石井印刷入社
昭和63年（1988）株式会社石井印刷代表取締役就任

＊まちづくり歴
昭和54年（1979）夢のまちづくり実行委員会委員
昭和59年（1984）第七回ポートフェスティバル実行委員長
昭和59年（1984）小樽市活性化委員会委員
昭和61年（1986）第一回オタルサマーフェスティバル創設副実行委員長
昭和63年（1988）後志群族秋の収穫祭　ＤＯＳＡ創設実行委員長
平成３年（1991）北海道中小企業家同友会小樽支部青年経営者懇談会代表世話人
平成４年（1992）小樽東海岸よろしく見本市実行委員会創設事務局長
平成５年（1993）「小樽草子」共著自費出版
平成６年（1994）「現場論」自費出版　小樽塾塾長　小樽まちづくり協議会宣伝部長
平成11年（1999）廣井勇・伊藤長右エ門両先生胸像帰還実行委員会事務局長

平成13年（2001）　内山賞事務局長、第一回後志飲食祭創設事務局長
平成14年（2002）　北海道中小企業家同友会しりべし小樽支部副幹事長、第二回後志飲食祭創設事務局長
平成16年（2004）　NPO法人歴史文化研究所設立　副代表理事、後志鰊街道普及実行委員会創設事務局長
平成17年（2005）　小樽市教育旅行誘致促進実行委員会広報副委員長
平成19年（2007）　北海道中小企業家同友会しりべし小樽支部政策委員長、小樽市総合博物館友の会役員
平成20年（2008）　榎本武揚没後百年小樽実行委員会広報副委員長
平成24年（2012）　小樽市教育旅行誘致促進実行委員会副実行委員長　NPO法人小樽民家再生プロジェクト理事
平成25年（2013）　NPO法人OBM理事

＊公職

小樽塾塾長、小樽まちづくり協議会宣伝部長、北海道中小企業家同友会小樽支部副幹事長・政策委員長、小樽観光協会委員、小樽市教育旅行誘致促進実行委員会副実行委員長、北海道印刷工業組合小樽支部マーケティング部長、小樽観光大学校運営委員会オブザーバー、小樽市総合博物館友の会役員、NPO法人歴史文化研究所副代表理事、NPO法人OBM理事、NPO法人小樽民家再生プロジェクト理事

＊連絡先

〒047―0028　北海道小樽市相生町8番13号　株式会社 石井印刷内
tel. 0134-23-8484　fax. 0134-33-8281
E-mail ipi-ishii@par.odn.ne.jp

▽編集協力

山口保、小川原格、佐々木一夫、駒木定正、岡部唯彦、原田佳幸、太田義之、志佐公道、中一夫、大橋哲、倉田一宏、山川広晃、渡辺真吾、森浩義、（順不同・敬称略）

▽写真提供

井上雅博、佐藤通晃、志佐公道、小樽市広報広聴課、小樽市総合博物館

小樽志民　運河保存運動の市民力
2018 年 4 月 10 日　初版第 1 刷発行

著　者────石井伸和
装　幀────右澤康之
発行人────松田健二
発行所────株式会社 社会評論社
　東京都文京区本郷 2-3-10
　電話：03-3814-3861　Fax：03-3818-2808
　http://www.shahyo.com
組　版────Luna エディット .LLC
印刷・製本──倉敷印刷 株式会社

Printed in japan